環境史入門

環境史入門

What is Environmental History?
Second Edition

J. ドナルド・ヒューズ
J. DONALD HUGHES

村山 聡・中村博子……訳

岩波書店

WHAT IS ENVIRONMENTAL HISTORY?
Second Edition
by J. Donald Hughes
Copyright © 2016 by J. Donald Hughes

First published 2016 by Polity Press Ltd., Cambridge.
This Japanese edition published 2018
by Iwanami Shoten, Publishers, Tokyo
by arrangement with Polity Press Ltd., Cambridge.

日本の読者へ

　私は日本の読者にこの本を紹介できることを大変嬉しく思います．訳者の村山聡教授らの企画によって，高松市と京都市で開催された会議に参加するために最近日本を訪れた際，この本の読者層となるであろう多くの日本人に出会いました．この本の最も新しい第2版を翻訳してくれた村山教授に心から感謝します．妻のパメラ・ヒューズと私は，日本の文化と景観に深く感動しました．この翻訳によって，みなさんの国でいただいた様々な贈り物に対する返礼ができます．

　環境史は人間と自然の関係性を時系列で研究するものですが，その授業や叙述は1970年代にアメリカ合衆国で始まりました．歴史家の間で森林劣化や汚染のような環境問題に対する懸念が広がったことが一つのきっかけでした．私は，そのことをテーマとした会合のほとんどに出席し，授業で教え，そしてこのテーマについて最初に執筆した一人でもあります．私は「環境史の誕生に立ち会った」とも言えるでしょう．そして，この分野において仲間が次々に生み出す成果を把握する努力をしてきました．また，世界における環境史の進展も見守ってきました．スコットランドで開催されたヨーロッパ環境史学会の第1回会合では基調講演を行い，東アジア環境史協会の立ち上げそして各会合にも参加してきました．環境史の東洋および西洋における多様な理解の仕方を比較することは研究に値します．いずれも社会的アプローチ，科学的アプローチの両方を有しますが，東洋ではそれらの融合が主張される傾向にあります．

　これらの経験を背景に私はこの本の内容を選び，書くことができました．地域それぞれのそして最新の知見を有する学者によって，その専門性が追加されていくことを期待します．

　2017年11月26日

J. ドナルド・ヒューズ

目　次

日本の読者へ

第1章　環境史を定義する……………………………………… 1
はじめに　1
環境史が扱ってきた主題　3
様々な学術分野のあいだで　9
環境史とそれまでの歴史学　16

第2章　環境史の先駆者達…………………………………… 19
はじめに　19
古代世界　19
中世および近世・近代の環境思想　26
20世紀初頭　32

第3章　アメリカ合衆国における環境史の出現………… 37
はじめに　37
自然の保持・保全から環境を対象とするアメリカ史へ　38
アメリカ合衆国における環境史の諸要素　41
環境史の協働者たち　49

第4章　その土地，地域，そして国家の環境史群……… 55
はじめに　55
カナダ　57
ヨーロッパ　59
地中海　67
中東と北アフリカ　69
インド，南アジアそして東南アジア　70

vii

東アジア　74
　　オーストラリア，ニュージーランドそして太平洋の諸島　77
　　アフリカ　82
　　ラテンアメリカ　85
　　古代世界と中世　86
　　結　び　87

第5章　グローバル環境史·· 89
　　はじめに　89
　　世界環境史の著作群　90
　　世界的に重要な話題の数々　99
　　多様な環境運動　102
　　世界史の教科書群　103
　　結　び　105

第6章　環境史における多様な論点と方向性················ 107
　　はじめに　107
　　専門主義　107
　　唱　道　108
　　環境決定論　110
　　現在主義　111
　　衰退論者の物語　112
　　政治経済理論　114
　　多様な次なる論点　115
　　結　び　127

第7章　「環境史をする」について考える······················ 129
　　はじめに　129
　　方法論に関する案内　129
　　原典資料の探求　133

教材・情報源　136
　　結び――環境史の将来に向けて　138

参考文献……………………………………………………………… 143
訳者あとがき………………………………………………………… 177
索　　引……………………………………………………………… 183

第1章
環境史を定義する

はじめに

　環境史が探求するのは人間と自然との間にある相互の関係性であり，それは時間とともに変化する．この研究分野では，歴史家そして歴史家以外の専門家が世界中で活動しているが，文献は膨大で増え続けており，学校や大学ではこの学問が教科として教えられている．聴き手は学生や他分野の専門家，政治や経営の政策立案者，そして一般の人たちであり，みな現代世界における環境問題の重要性を認識し興味を持っている人たちである．

　しかし，環境史とはなんだろうか．ある種の歴史であることは確かだが，環境史は，時代とともに変化する自分以外の自然との関係において，人類がどのように生活し，働き，そして考えてきたのかを理解しようとする．ヒトという種は自然の一部であるが，地球という財産を共有しているにもかかわらず，陸地，海洋，大気そして他の生命体の状態に我々がもたらした変化は広範囲に及び，その規模は他の種に比べて極めて大きい．人間が環境に与えた変化は，同様に我々の多様な社会や歴史にも影響を及ぼしている．人間の社会や個人の諸相はいわゆる環境との相互関係にあり，それは避けられない．環境史家は，歴史を描く時にはこの不可避の事実を常に認識することに価値があると考える傾向がある．

　環境史の他の歴史分野への貢献について，アメリカを代表する環境史家であるドナルド・ウースターの言葉を借りてみよう．彼によれば，環境史の貢献は「歴史の見直しを求める人たちが，これまで以上にその学問分野に様々な語り1)を組み込もうと努力している」ことにある[1-1]＊(Worster 1988a: 290)．歴史家は人間の事象の数々を，それらが起こる場所の文脈において，つまり，自然環境全体において理解するべきである．歴史の語りは，アメリカ史家であるウィリアム・クロノンが言ったように，「生態学的に意味を持つ」ようにしな

インド，ヒマラヤの河川，源流の森林劣化の結果，侵食物で塞がれている．筆者撮影(1994年)

ければならない[1-2] (Cronon 1992a: 1373)．人の事象と生態学的過程との相互関係という主題は，人類の起源から現在に至るまで，あらゆる年代において最も重要であった．

　環境問題が世界の注目を集めるようになったのは，20世紀の後半40年間であり，その重要性は今世紀になって増大し続けている．この現象は，環境の歴史を語ることが必要であることを示している．環境の諸問題にどのように人間が加担してきたのか，またそれらにどのように反応し，どのように対処しようとしてきたのかについての理解を助ける環境の歴史が必要とされている．環境史は，世界を変容させる時事的な環境問題の諸相へと，歴史家の注意を向けさせることに貢献してきた．世界を変容させるような環境問題とは，地球温暖化，気候変動，大気汚染やオゾン層の破壊，森林や化石燃料などの自然資源の枯渇，核実験や原子力発電施設の事故による放射線拡散の危険，世界規模の森林劣化，種の絶滅及びその他の生物多様性への脅威，原産地域から遠く離れた生態系の隙を狙う外来種の侵入，廃棄物処理と都市環境における他の諸問題，河川と海洋の汚染，荒野の消滅，自然の美しさやレクリエーションによって気晴らしができる文化的な環境の喪失，そして敵対者の資源や環境に衝撃を与えようとする兵器や物資を含む武力衝突による環境への影響などである．現代の環境が直面する危機を構成する変化の多様性や深刻さを，十分に示す長さでありながら，

上記のリストは残念ながら網羅しきれていない．これらの問題の多くは，最近生じたばかりのもののように思えるが，20世紀を通して甚大な影響を及ぼしたことは疑いもない．また，それらのほとんどは，それ以前の歴史の全ての時代に淵源を有していた．環境史家はこれらの現代的問題に注意を払ってきたが，一方でそれらは，人間と環境の関係性によって形成されてきたものであり，古代以来，歴史のどの時代もその形成期に当たる．

環境史家は，あらゆる人間社会が自然システムとの色々な関係性の変化を経験してきたことを知っている．変化はある時は遅く，ある時は早かった．たとえ孤立した，または伝統的社会であっても，緊張状態に直面することがあった．その緊張は，資源の激減，人口の増加と減少，新たな道具の発明，病原体を含む，見知らぬ生物体の出現などの要素に起因していた．変化が急激で，秩序を乱すような場合には，科学史家のキャロリン・マーチャント[1-3]（Merchant 1987）が言うように「生態学的革命」と呼ぶのが適切であろう．ホセ・アウグスト・パドゥアは「我々の自然観と人間の生活における自然の位置づけの決定的な認識論的変化」[1-4]（Pádua 2010: 83）という新たな分類を示している．それには下記が含まれる．

(1)人間の行動が自然界に対し，その価値を下げるに至るまでに本質的な衝撃を与えうるものであるという考え方，(2)世界を理解する上で，年代期的な画期となる革命，そして，(3)自然を，歴史すなわち時間をかけて構築と再構築を繰り返す過程と考える見方である．

環境史が扱ってきた主題

環境史家とは多様な集団である．個々の興味やその取り上げ方において，また，各々の歴史学の方法や対象に関して，さらに環境に関して彼らの哲学的思考に違いがあるように様々である．とはいえ，彼らが選択する主題は大きく三つに分類できる．(1)まずは人間の歴史に対して環境要因が与える影響である．(2)次に，人間の活動に起因する変化，そして環境において人間が引き起こした変化が跳ね返り，人間社会の変化の道筋にもたらす様々な影響のあり方である．(3)最後に，環境に関する人間の思想の歴史そして人間の行動様式が，環

境に影響を与える行為をどのように動機づけてきたかである．環境史の研究の多くが，まず上記の一つか二つを強調するが，ほとんどはおそらく三つの主題それぞれについてなんらかの言及をしている．

　三つの主題を扱っている著書に，ウォーレン・ディーンとスチュアート・B. シュワルツの『斧と燃え木で――破壊されたブラジル大西洋側の森林』[1-5]（Dean/Schwartz 1995）がある．これはある意味，環境史の書き方の手本と言ってよいだろう．著者たちは，最初に森林そのものの進化について語り始め，その進化がそこに住み始めた人々に及ぼした影響の話が続く．彼らは，森が切り開かれ，農業や工業に置き換えられていく連続的な各段階について叙述し，森林とその開発，すなわちヨーロッパ人による植民地化以前と以後における住民の開発に対する様々な態度を分析する．住民に含まれるのは，農場所有者，科学者，政治家，産業経営者，そして自然保護論者である．彼らは，事実上，『斧と燃え木で』の全ての章において三つの主題を織り込んでいる．

　では，三つの主題をそれぞれ簡単に検討してみよう．第一主題は，環境そのもの，そして環境が人間に及ぼす影響を扱う．環境とは地球全体を含むと理解できる．そして地球には，土壌や鉱物資源が含まれるほか，淡水と塩水，大気や気候，気象，最も単純なものから最も複雑なものに至るまでの生き物や動植物，そして究極的には太陽から受け取っているエネルギーが含まれる．「環境史をする」[2]ということのためにこれらの要素とその変化を知ることは重要であるが，環境史とは単純に環境の歴史ではない．人間側の関与が常に含まれている．地質学と古生物学は，地球という惑星について人間が登場する以前の果てしなく遠い年代記を問題にする．しかし，環境史家がこれらの対象をその語りの一部に含めるのは，それらが人間の事象に影響をもたらすときに限る．これは環境史が人間中心的な研究法であることを避けられないということを意味する．たとえ環境史家が，人間は自然の一部で，生態系に依存し，自らの運命について完全に主導権を握っているわけではないとはっきり認識していてもこれは回避できない．一方で，環境史は確かに，人間を自然から切り離し，自然の上に立ち自然を管理するものとする支配的な傾向の修正にはなりうる．

　人類史に環境が及ぼしてきた「影響」の研究題材として，気候と気象，海面水位の変動，疾病，山火事，火山活動，洪水，動植物の分布と移動などが挙げ

られるが，少なくともその大部分は一般的に人為的ではないとみなされている他の変化も含まれる．通常，環境史家はこれらの要素の影響力を研究する際の下地については，科学者の報告に頼らざるを得ない．また地理学者やその他の科学者は，彼らの研究成果の影響を議論する中で実質的に環境史家となるのである．ジャレド・ダイアモンド[1-6](Diamond 1997)のような幾人かは，環境の一般的条件，つまり陸と海の規模とあり方，資源の利用可能性，飼育や栽培に適した動植物の有無，そしてそれらに伴う微生物や疾病因子が，人間の各文化の発展を可能にしているだけでなく，その発展の方向性さえも決めていると主張している．人間の歴史における環境の形成的役割を強調する，排他的とも言えるこの主張は「環境決定論」と名付けられ，この考え方自体が長い歴史を有している．

　歴史において疾病が果たした役割は，環境の影響という主題の一例である．様々な病気が，環境条件に起因するという考え方は，古代ギリシアの医術の父であるヒポクラテス[1-7](Hippocrates 1923)の時代から存在した．人間の活動は，伝染性の疾患の広がりにおいて，決定的な役割を演じてきた．一方で，それらに晒されたことのない人間集団への恐ろしい侵入，そして疫病の大流行の結果，経験された生命の喪失によって，感染症はしばしば人間には制御不可能な力とみなされた．ウィリアム・H.マクニールの『疫病と世界史』[1-8](McNeill 1976/1998)はこの問題を広範囲にわたって扱う概論である．環境史の傑作の一つであるアルフレッド・W.クロスビーの『コロンブスの交換』[1-9](Crosby 1972)は，ヨーロッパ人が南北アメリカ大陸の征服に成功した主な理由は，彼らが不注意に感染病を持ち込んだことにあると論じた．ヨーロッパ人は，すでに長くその病気に晒されており抵抗力を有していたのに対して，新世界の感染症「未体験」の人々は壊滅的なほどに感染しやすかった．病気に負けて人口が減少したアメリカ先住民は，彼らにさほど抵抗しなかった一方で，ヨーロッパ人たちは，人口がより多ければ利用できたと思われる労働力も奪われたことを実感した．彼らは後者の要求を満たすために，ヨーロッパ人同様に，旧世界の疾病への抵抗力がある程度備わっていたアフリカからの奴隷を運び入れたのである．この主題に関する研究としては，ジョン・イリッフのアフリカにおけるエイズに関する研究[1-10](Iliffe 2006)があり，また，ジョン・R.マクニールに

薪を運ぶ女性や子どもたち．モザンビーク，ゴロンゴーザのカンダ．人々が生態系に依存する一つのあり方．Domingos Muala 撮影（2012 年）

よる新世界における蚊媒介感染症の研究[1-10]（McNeill 2010b）がある．

　環境史の第二主題は，環境史家によって書かれた著作の数という点において疑いもなく群を抜いている．それは人間の営みが自然環境に及ぼす変化の衝撃，そして逆にそれが人の社会や歴史に及ぼす衝撃についての評価に関わる．人間の活動には，基本的な生活手段を提供する狩猟，採集，漁業，牧畜，そして農業が含まれる．他には，村から大都市に至るまで，人間集落のいっそうの複雑化を生み出すもので，水管理，林業，鉱業，冶金などを通じて基本的な材料を提供する活動がある．技術と産業は，戦争も含めた人間活動に最も影響を与えるものであり，世紀が進むと共により洗練され，人間のエネルギーをより多く要してきた．これは 1750 年代以降の産業革命についても言える．産業革命は化石燃料のエネルギーを利用し，強力な効果を発揮する機械を生み出した．こうした人間の活動は全て，人間の視点から見て，肯定的にも否定的にも自然環境に作用する．多くは，環境を人が利用しやすいものに変えている．しかし，どれも自然損傷につながりうる他の変化を引き起こす．例えば，森林劣化と侵食作用，種の絶滅による生物多様性の低下，砂漠化，塩化作用，汚染などである．この数十年の間に新たに認められた，環境に害を及ぼす変化として，放射性降下物〔死の灰〕，酸性雨，そして，二酸化炭素，メタンガスその他の温室効果ガスの大気中濃度の増加の影響による地球温暖化が挙げられる．環境史家の

中には，社会が汚染防止策，国立公園や野生保護区など特定地区の保存や絶滅危惧種保護などの天然資源の保全を通じて，いかに好ましい変化を強調し，負の影響を抑えてきたかを叙述する人々がいる．他方で，環境に関する政治的な意思決定の過程や，環境運動と多くの場合強力な敵対者との闘争を追う環境史家もいる．

環境の歴史的研究は，人間の行為が自然環境に与える影響に注意を向けるであろうし，その多くは以下のように考察が続けられるであろう．指摘すべきことは，この種の人間の行為については，都市史，技術史，農業史，森林史など他の歴史分野においても研究されており，それらの多くは環境史と共通の疑問や興味を抱いているということである．例えば，アメリカ合衆国では森林史と環境史のアプローチは共通点が多い．1996年以降，森林史学会(Forest History Society: FHS)とアメリカ環境史学会(The American Society for Environmental History: ASEH)は『環境史』*Environmental History* という一つの雑誌を公刊している．

第二主題を重視する著書は非常に多い．そして，その多くが非常に素晴らしく，ここで触れるために，いくつかを選択することは難しい．しかし以下の，環境への人間の影響を研究する三つの著作によって，例を示すことができるであろう．ロバート・B.マークスの『虎，米，絹，そして沈泥』[1-11](Marks 1998)は，人口増に対応するための帝国の政策の一部であった米作の拡大と，絹の輸出を含む市場の変化によって，中国南部のある地方の文化的景観[3]がいかに変わったかを示している．ジョン・オーピーは，グレートプレーンズ(アメリカ大平原)の帯水層の研究『オガララ――乾燥地のための水』[1-12](Opie 1993)を書いている．アメリカ西部の水需要によって，広大な高原の下にある化石水の地下帯水層から水が汲み出され，枯渇を招いた．ジョン・R.マクニールの『太陽の下で何か新しい(20世紀環境史)』[1-13](McNeill 2000)は，前世紀において土地と大気と生物圏(生物が存在する領域)に，人間が与えた前例のない影響をなぞり，それらの結果が生み出されるよう機能した変化の原動力は，人口と都市化，技術，そして人間の取り組みを促した発想や政治にあることを指摘している．

環境史の第三主題は，自然環境をめぐる人間の思想や態度に関する研究であ

る．そこには自然の研究，すなわち生態学という科学，そしてさらに宗教，哲学，政治思想，大衆文化などの思想の体系が，自然のあらゆる側面をどのように人間が扱ってきたかに関する研究も含まれる．このような社会や知の歴史の側面に注意を払わなければ，地球とその生物系に何が起こったのかを理解することは不可能である．ドナルド・ウースターによれば，この側面が，「見識，倫理，法，神話，そしてその他の意味体系が，個人あるいは集団と自然との対話を構成する」人間に，固有の出会いとして繋がってきた[1-14](Worster 1988a: 293).

環境への態度を探求する本として注目すべきはロデリック・ナッシュの『原生自然とアメリカ人の精神』[1-15](Nash 1967)である．1967年に初版が出版されたのち，チャー・ミラーが加わり第5版の改訂版[1-15](Nash and Miller 2014)となっている．ナッシュが扱うのは，ヨーロッパ系アメリカ人の自然への肯定的でも否定的でもある多様な態度と，その態度が北アメリカ地域の野生の保護，または開発に及ぼしてきた影響であるが，そのルーツをヨーロッパに遡り，20世紀にかけて議論している．アメリカ先住民が，ヨーロッパ人の目にどのように映ったかについて示すが，アメリカ先住民自身の自然観を吟味するということはしない．私はアメリカ先住民(Native American Indians)の環境観を『北アメリカインディアンの生態環境』[1-16](Hughes 1996)と題して描いたことがあるが，シェパード・クレッチは対照的に『環境に優しいアメリカインディアン』4)[1-16](Krech 2000)を描いた．グレゴリー・D.スミサーズは，その思慮に富んだ論文で，「環境に優しいアメリカインディアン」という固定観念を超えて，「アメリカ先住民の環境に関する知識や社会慣習とのより意味ある関わり」の理解を試みている[1-17](Smithers 2015: 83-4)．長期の歴史にわたって自然に対する文化的態度の変容を追っているのはピーター・コーツの『自然——古代から現在に至る西洋思想』[1-18](Coates 2004b)である．

多くの環境史家は，人々の考え信じていることが，自然界に関していかに振る舞うかの動機となっていると主張する．一方で，人は戒律によって押しつけられたものであっても，個人それぞれの哲学に由来するものであっても，自らの必要性や欲望に合わせて自分の態度を上手に適応させることができるとの指摘もある．このことは他分野と同様に環境分野においても真実である．

第 1 章　環境史を定義する

様々な学術分野のあいだで

　ジョン・R. マクニールが簡潔に指摘しているように，環境史ほどに「学際的な知的活動はないと概ね言ってよい」[1-19](McNeill 2003: 9)．環境史家の関心の対象は，通常の学問の境界を越える事柄であり，人文科学と自然科学との間にある厄介で埋められることの少ない溝に関わることもある．環境史家は，広範な専門分野から情報を集めたり，歴史家が通常は無視していたり回避したりしてきたような本を読んだりするものである．同時に，多数の学問分野から環境史に巻き込まれた学者たちがいるが，彼らの多くは自ら環境史を叙述し，非常によい仕事をしてきた．他の歴史分野ではあまり見られないことだが環境史においては，地理学，哲学，人類学や生物学のような他の学術分野の出身者が著者となって環境史の本を書いている．以下の項目では，環境史と社会科学，人文科学，生態学を含む自然科学との関係について語ることにする．

他の社会科学分野と関連して

　歴史学はしばしば社会科学の一分野とみなされる学問である．環境史は歴史学の下位の学問分野の一つと理解され，人間社会が歴史的に自然界といかに関わってきたかを研究するという立場では，社会科学の一分野とも理解されうる．ドナルド・ウースターは，「環境史をする」という影響力のある論文で，環境史は，歴史学という学問分野の中での革新的な運動であるものの，彼が環境史の中心的な論題に据える三つの「問題群」のそれぞれは「幅広い他の学問分野に」頼るものであるとみなしている[1-20](Worster 1988a: 293)．それに対して，オーストラリアの J. M. パウエルは，環境史は，歴史学の下位分野ではなく，学際的な方法論であるとしている[1-21](Powell 1995)．パウエルの主張には少なくとも経験的な証拠がある．歴史分野としての専門性を最も評価されている環境史家でさえ，多くの価値ある作品は，歴史学以外の専門分野に足場をおく学者によるものであり，その数は環境史に関する著作の決して少なくない割合を占めていることを認めている．
　ウィリアム・A. グリーンは，世界共同体における人間相互のつながり，あ

9

るいは人間と地球上の他の生き物との相互依存性に対して，これ以上に敏感な歴史学の研究方法は他にはないと考察している[1-22](Green 1993). さらに彼は，環境史は，経済，社会，政治という伝統的な歴史分析の形式を補完するものであるとも付け加えている.

これは環境史の学際的な性質に由来する. というのも，正しく「環境史をする」には，生態学そして他の科学分野，科学と技術の歴史，地理学をはじめとする社会科学と人文科学に馴染みがあることが必要だからである. いくつかの歴史研究の領域は，環境史に非常に強く結びついており，明確に境界線を引くことは必ずしも容易ではない. さらに，スティーヴン・ドヴァースが指摘しているように，「歴史地理学と環境史との境界を定義することは難しい」[1-23](Dovers 1994a: 7). 歴史地理学者は，環境史と隣り合わせであったことに気づいた. 彼らは環境史との間の境界線をお咎めなく行き来し，優れた環境史を書いてきた. このような地理学者の一人はイアン・ゴードン・シモンズであった. 彼の『地表を変化させる』[1-24](Simmons 1989)は，簡潔ではあるが，環境の変化の割合，予測に関わる課題，そして，政策の意思決定と遂行に影響を及ぼす諸問題を考える専門的な論評である. 彼の『環境史』[1-25](Simmons 1993)も歴史研究における科学的な根拠を強調した価値ある概論である. アンドリュー・グーディの『自然環境に与えた人間の影響』[1-26](Goudie 2013)は役に立つ著作であり第7版に至っている.

生態学[5]の枠組みを社会科学に応用したのは，リリー・E.ダンラップが1980年に編纂した論文集である. 彼は自身の論文で，全般的に社会科学は，人間社会が生き残るために生物物理学的な環境に依存していることを無視し，他のあらゆる生命を統御する生態学的な原則から人間を例外として除外してきた点を指摘している[1-27](Dunlap 1980: 5). 彼と他の著者はその是正として，生態学から抽出したモデルをそれぞれの専門分野に応用している. 社会学ではウィリアム・R.カットン・Jr.そしてダンラップ，政治学ではジョン・ロッドマン，経済学ではハーマン・E.デイリー，そして人類学ではドナルド・L.ハーデスティ[1-28](Catton 1980; Rodman 1980; Daly 1980; Hardesty 1980)がその任務を担った. ここでは歴史学は登場しない. しかし，ウィリアム・H.マクニールやアルフレッド・W.クロスビー[1-29](McNeill 1976/1998; Crosby 1972)をはじ

めとして，環境に優しい枠組み(エコロジカルなパラダイム)が人間の過去と現在に関する理解を転換しうると考える学者は，この頃すでに増え始めていた．

　充実した環境史的な叙述は，正確に言えば，自然環境の変化に関係して起こる人間社会における変化の説明であるべきである．このように環境史の研究方法は，人類学，社会学，政治学そして経済学などの他の社会科学の方法に近い．この好例として，アルフレッド・W.クロスビーの『コロンブスの交換』[1-30] (Crosby 1972)が挙げられる．クロスビーは，ヨーロッパ人の両アメリカ大陸の征服が，いかに軍事的，政治的，あるいは宗教的過程を超えるものであったかを示す．というのも，家畜やラットのような日和見的な動物を含む，ヨーロッパの生物による侵入でもあったからである．ヨーロッパの植物は，栽培種であっても雑草であっても，在来種を追いやったり置き換えたりしたし，ヨーロッパの微生物が先住民人口に与えた影響は，戦争にも増して壊滅的であった．

　環境史が重要な一撃を与えた分野がある．環境政策における政治的表現の研究である．多くの国が環境法，環境省などの行政部門，そして環境保全の実践を委任された政府機関などを創出することでこれを具体化した．法律を執行する苦労も物語の一部であり，一方に環境団体があり，反対側に利益団体という構図が描かれる．アメリカ合衆国における政治の構造や政策の帰結を検証した研究に，サミュエル・P.ヘイズの『1945年以降の環境政策の歴史』[1-31] (Hays 2000)がある．オリバー・A.ホックは，彼の『エデンを取り戻す』[1-32] (Houck 2011)において，世界中から八つの環境法の事例を精選し紹介している．地球環境政治の研究史に関しては，『国際研究百科』におけるディミリティス・スティーヴィスによる項目[1-33] (Stevis 2010)がわかりやすい．

　環境史は経済学にも関係する．経済学(economics)[6]という言葉の中の「エコ」(eco)は，生態学(ecology)の「エコ」に同じく，ギリシア語のオイコス (oikos＝家あるいは世帯)を語源とする．ここで示唆される「世帯の管理」は，家計を意味するとともに，ギリシア語のオイクーメネ(oikoumene＝居住する世界)の管理を含意している．経済，貿易そして世界政治は，人が望むと望まざるとにかかわらず，またそのことを意識しているか否かにかかわらず，経済学の用語で言う「自然資源」の利用可能性，場所，そして有限性によって規定されている．生態経済学は，環境史と同じ頃に認知され，やや平行した軌道を辿

っている[1-34](Røpke 2004).

他の人間性探求と関連して

歴史学そのものと同様,環境史は人間性の探求でもある.環境史家は,人々が自然環境についてどのように考えているか,文学や芸術において自然観がどのように表現されてきたかについて,興味を持っている.少なくともそのある側面においては,環境史は知の歴史という大枠の中の一つの細目として位置付けることができる.この探求を,哲学ではなく歴史学の範囲内で行うのであれば,どのような態度や考え方が自然現象に関わる人の行動に影響を及ぼすのかという問いから,大きく逸(はな)れてはならない.一方で,個人や社会にとって何が重要な見方であったかを明確にすることも,環境史の有効な取り組みの一つである.この分野における初期の功績の一つに,クラレンス・J.グラッケンの『ロドス島の海岸につけられた痕跡』[1-35](Glacken 1967)がある.その中では,古代から18世紀にかけての西洋の文献における三つの中心的な環境思想が吟味されている.それらの思想とは,宇宙は創造・設計されたものであり,環境が人間を形作り,そして,良きにつけ悪しきにつけ,人間は自らが住む環境を変更しているということである.環境に影響する慣行を勧めたり妨げたりする宗教や文化の伝統の役割というのは,多くの注釈や議論の対象となってきた.リン・ホワイトの『我々の生態学的危機の歴史的起源』[1-36](White 1967)は有名だが,彼女は,ヨーロッパ中世のラテン語世界のキリスト教は,人類を自然よりも高貴なものであるとし,西洋の科学や技術そして環境破壊への道を用意したと主張した.ホワイトは,アッシジのフランチェスコに代表される環境により優しいキリスト教を求め,「生物と無生物のすべてを含む神の創造物の民主主義」を教えた[1-37](Riley 2014).

ギルバート・ラフレニールは,『自然の衰退』[1-38](LaFreniere 2007)において,環境史の現代的理解を踏まえて,自然と文化に関する西洋思想を包括的に概観している.

自然科学と関連して

環境変化は,何十年あるいは何世紀にもわたる気候変動の帰結とみなされる

第1章 環境史を定義する

ことが多く，一，二世代前から研究の対象となっている．例えば，フランスのエマニュエル・ル＝ロワ＝ラデュリは『饗宴の時，飢饉の時——1000年以降の気候史』[1-39] (Le Roy Ladurie 1971) を書いた．信頼できる気象観測の記録で200年から300年以上前のものは存在せず，ほとんどの場所ではそれほど時代を遡ることができない．しかし，過去の気候の代替指標として，温帯地域に生育する種の年輪から，南極大陸やグリーンランドの冠氷の積雪層に閉じ込められた空気にいたるまで，多様なデータが利用できるようになった．フーベルト・H. ラム [1-40] (Lamb 1995) と彼が英国に作った気候研究所は気候学の先駆であった．クリスチャン・ピスター [1-41] (Pfister 1999) と，スイスと西ヨーロッパにおけるその仲間たちは，中世以降の時代のヨーロッパの気候に関する手がかりを得るために記述資料を発掘した．スペンサー・R. ワートの『地球温暖化の発見』[1-42] (Weart 2008) は，気候の変化に関する理論と発見の歴史的叙述である．リチャード・グローヴやジョン・チャペル [1-43] (Grove and Chappell eds. 2000) を含む幾人かの学者は，エルニーニョ南方振動 (El Niño Southern Oscillation: ENSO) と呼ばれる太平洋での周期的な温度上昇のような現象が，遠く離れた人々の活動にさえも影響を与えること，そしてそれが，歴史的な出来事の一役を担ってきた可能性があることについて推測を行ってきた．環境史家は，気候学的な変化が，環境に与えてきた影響と人為的な変化を区別する必要からそれに関心を抱いている．北アフリカにおけるローマ時代以降の森林後退と砂漠化の進展は，主に気候の乾燥化によるものだったのか，それとも住民による木の伐採，河川の流路の変更，そしてヤギの放牧によるものだったのか [1-44] (Shaw 1981; Davis 2007)．気候の変化に関するさらに多くの情報が利用できるようになれば，これらの問いに対してバランスの取れた答えを出すことが可能になるであろう．

環境史が，ヒトという種の歴史の理解に，生態学が大きな影響を与えるという認識から生まれた点は重要である．自然科学と人文科学の間の溝に橋をかけた先駆者のポール・B. シアーズは，1964年に挑発的なタイトルの「生態学——破壊的な学問」[1-45] (Sears 1964) という小論を発表した．そこで彼が指摘するのは [1-46] (McIntosh 1985: 1)，

生態学研究から得られた自然観は，西洋社会で広く受け入れられてきた文

化や経済の前提のいくつかに疑問符をつけることになった．これらの前提の中で最も重要なのは，人間の文明，特に先進的技術文化は，自然の限界あるいは「法則」の上あるいは外に位置するという大前提であった．

それと異なり，生態学は生命の網の中にヒトという種を位置づけた．つまり，食料，水，ミネラルの循環，そして他の動植物との絶え間ない相互作用の中に位置づけたのである．シアーズは，生態学を「破壊的科学」と名付けたが，20世紀まで受け入れられていた世界史の理解を確かに破壊した．この論議を呼ぶ修飾語（形容詞）を採用して，ポール・シェパードとダニエル・マッキンリーは，『破壊的科学』[1-47]（Shepard and McKinley eds. 1969）という論文集を刊行した．37本の論文が収められたこの論文集に，シアーズは2本寄稿している．シェパードは，人間支配の認識範型（パラダイム）を批判し，「人間のみが宿命，決定論，環境支配，本能，そして人間以外の生命を「監禁」する他の仕組みから逃れられる能力を有する」，と信じることの不合理を強調した．彼は，「ジュリアン・ハクスレイのような生物学者ですら，世界の目的は人類を創出することにあり，その社会的進化によって，人類は永遠に生物的進化を免れるのであると発表した」ことに驚いたのである[1-48]（Shepard 1969: 7）．しかし環境史家は，生態学の意味合い，特に群集生態学を理解しようと常に真剣に向き合ってきたわけではない．

このような意味合いの一つとして，ヒトという種は，生命(life)の共同体(community)7)の部分であるということが挙げられる．ヒトは生命共同体の中で他の種と競争し，協力し，模倣し，それらを使い，また使われ，進化した．人類が生存し続けるかどうかは，生命の共同体が生き延びることと，そしてその中で人類が持続的な居場所を見出せるかどうかにかかっている．歴史の仕事は，生物の共同体において，我々の種が担ってきた役割の変遷の履歴を検証することであり，他よりも成功を収めたものもあれば，より破壊的であったものもある．

20世紀を代表する生態学者であるヴィクトール・シェルフォードは次のように主張している[1-49]（Shelford 1929: 608）．

> 生態学は共同体の科学である．一つの種の環境への関係性の研究で，共同体を考慮せずに着想され，最終的に，その生息環境の自然現象や共同体の

第1章 環境史を定義する

仲間とは無関係な研究を,生態学の領域に含むことは正しくない.

人類という種を研究の対象とする環境史についても同様の主張ができる.生態系は,かなりの程度まで人間的事象の様式や形式に影響を与えてきた.ヒトという種の活動も逆に,今ある生態系の形成に,目覚ましいほどに寄与してきた.つまり,人間と生命共同体のその他の種は,共進化の過程に従事してきたのであり,それはヒトという種の誕生で終わったわけでなく,現在まで続いている.歴史の叙述は,その過程の重要性や複雑性を無視してはならない.

強調しなければならないのは,全ての人間社会が,場所や時代を問わず生物の共同体の中に存在し,依存してきたということである.これは巨大な都市であっても,小さな農村や狩猟部族であっても同じである.生命のつながりは,事実として存在する.これまで人間は,他の生命から孤立して存在することはなく,またできなかった.人間は,生命をあらしめる,複雑で親密なあらゆる関係性の一部であるに過ぎないからである.環境史の役割は,人間が,その一部を構成する自然共同体との間に有する関係を,長い期間について研究することであるが,その関係は頻繁にかつ多くの場合,想定外に変化する.環境が人間とは別に存在するもので,人間の歴史の単なる背景事情の一つであるという考え方は,誤解を招く.人間が,その一部を構成する共同体との間に有する生きたつながりは,歴史の説明に不可欠な要素でなければならない.

アルド・レオポルドが書いたように[1-50] (Leopold 1935),

> 現代[の生態学的思想]は,二つの集団を生み出し,それらが相互に相手の存在をほとんど認識していないようである点において,異常である.片方の集団は,人間の共同体をあたかも分離さればらばらな存在であるかのように研究し,見出した知見を,社会学,経済学そして歴史学と呼んでいる.もう一方の集団は,植物や動物の共同体を研究しており,政治の混乱状態を,「リベラルアーツ」〔大学の学芸と教養〕の研究対象へと快く委ねてしまっている.これら二つの考え方の必然的な融合は,今世紀の飛躍的な進展に寄与するであろう.

環境史はその融合の一部として機能する.

環境史とそれまでの歴史学

20世紀の初頭まで,歴史家は,人間社会における権力の行使や,人間社会の内あるいは間での権力をめぐる闘争を,歴史学に適した主題とみなしていた.かくして,戦争や指導者の業績が,彼らの物語を支配した.西洋で最初の偉大な2人の歴史家,ギリシアのヘロドトスとトゥキディデスが,どちらも戦争を主題に選んでいたことには大きな意味がある.マルキストの歴史家は,社会の労働を担った無産者,労働者や農民に注目するようになったが,たとえその語りによって政治学に経済学が加わったとしても,社会における権力闘争の歴史であることに変わりなかった.古い歴史学は,自然と環境の存在を認識したときに,それらを背景として扱っていたに過ぎない.しかし,環境史は,それらを能動的で形成的な力として扱う.

より最近では,歴史家は,これまで曖昧にされてきた,一見して権力を持てなかった人々の物語に目を向けるようになった.女性の歴史,人種的,宗教的,性的少数者,そして幼少期の歴史などである.環境史を,この展開の一部として捉えるような外挿[8]は魅力的である.権力のピラミッドにおいて,獣や木々そして地球そのものは,その構造を支える最下層の石段を占める.歴史家は今や,これらの声を持たない,全体的に無防備な存在が,実際には歴史劇における役者であったことを示し,より大きな物語の中にそれらも含むことができる.倫理的な拡張によって,移民,女性や以前の奴隷たちが役割を与えられ,最近では木が権利を有するべきか否かが検討されるようになった[1-51](Nash 1985).したがって,同様の歴史的拡張によって人間以外の生き物や諸要素が物語の対象となりうる.従来型の歴史とは,これらの異なる歴史の多くが社会運動や政治運動の副産物であったように,環境史の起源は,保護主義者や環境運動と密接に関連づけられる.それはこれから見るように正しい.

環境史は,政治力や軍事力の現実,あるいはそれらが行使されたときに,表面的な利益を享受する国民,経済,そして民族の集団の現実を無視することはできない.2005年,ダグラス・R.ウィーナーはアメリカ環境史学会の学会長の挨拶で「全ての「環境」闘争にはその基盤に権力を巡る利害の闘争がある」

第 1 章　環境史を定義する

と述べた[1-52]（Weiner 2005: 409）．これはヨアヒム・ラートカウの『自然と権力――環境の世界史』[1-53]（Radkau 2008）のテーマである．ラートカウは，明らかに，環境を改善する合理的なプログラムは，一つの集団に文化的景観を管理させることを要し，他の集団は除外，移動または搾取されると指摘する．スターリンは，中央アジアに小麦栽培の「処女地」を創り出すために，カザフ族の遊牧民を抹殺した．英国の帝国主義者たちは，インドの多くの自給自足経済を 19 世紀の後半には，搾取と飢饉の文化的景観へと転換させた[1-54]（ウィーナーの叙述は Davis 2001 に基づく）．そして，アメリカの国立公園行政は，しばしばアメリカ先住民に強制退去を余儀なくさせた[1-55]（Spence 2000）．それに対して，メキシコの国立公園は，農村部の住民の存在と彼らのニーズを認識して，設立された[1-56]（Wakild 2011）．

　しかし環境史を，単に歴史学という専門分野の発展の一部と見るのは重大な誤りである．自然が無力なわけがない．むしろ全ての力の源泉であると考えるのが適切である．自然は，人間経済に従順に収まるものではなく，人間の全ての努力を包み込む経済であり，それなくしては人間の努力はむなしい．自然環境を考慮できない歴史は，部分的であり不完全である．環境史は，歴史家の伝統的な関心，つまり戦争，外交，政治，法律，経済，技術，科学，哲学，芸術，そして文学にも，基礎知識や展望を加えることができる点で，有益である．さらに，これらの関心事と物理的な生命世界という基層で動き継起する，諸々の過程[9]との関係性を明らかにすることができる点においても，役立つ．

---

*　[1-1]は原書の第 1 章の注 1 を表す番号である．原書の注は参照・引用文献を示すもので，巻末の文献一覧との重複が多かったため，日本語版ではすべて巻末の文献に統合し，本文との対応関係がわかるよう表記した．巻末の文献一覧からも，その文献がどの章で参照・引用されているかわかるよう，原書の注番号を残した．
1) 後にも訳出している「語り」「叙述」あるいは「物語」は narratives が原語である．ナラティヴというカタカナで表現したくなるが，声に出して声を聞き受け取ることのできる語りにはこうだという決まった形があるわけではなく，常に多様であり，多様であり続けることが期待されるものと考える．小説や戯曲や俳句や短歌，そして子どもに読み聞かせる物語，古老が過去の経験や教訓を後進たちに伝える形式など多様なのである．
2) "Do environmental history" が元の表現である．もともとの英語でも特殊な表現と言える．歴史が単なる客体ではなく，その歴史と関わる主体である人間との複雑な関係を表している．
3) 英語の landscape は比較的新しい概念であり，Merriam-Webster によると 1914 年が初出である．日本語では景観という訳語が当てられるが近年では，日本の文化庁が「文化的景

観」を選定するようになり，「地域における人々の生活又は生業及び当該地域の風土により形成された景観地で我が国民の生活又は生業の理解のため欠くことのできないもの」(文化財保護法第二条第1項第五号より)と定義され，文化財として理解されている．この概念は英語の landscape よりもドイツ語の Kulturlandschaft(クルトゥーア・ランドシャフト)という表現に近い．この概念は，文化(Kultur)と景観(Landschaft)という二つの用語が組み合わされたものであるが，この Landschaft という概念は「景観」とはかなり異なる内容から成り立っている．この用語はドイツ語圏ではずっと古い時代から使われており，高地ドイツ語の 1050 年頃から 1350 年頃にかけての段階のことを中高ドイツ語というが，その当時は lantschaft と綴られていた．さらに古い古高ドイツ語では，lantscaf[t] と綴られていたようである．この内容としては，「エリア(地域)，自然の同質的な地形的単位，閉じられた領域」(Duden による)を意味する．ドイツ語圏ではこの表現は英語の landscape よりも千年近く古くからの伝統があった．このような概念上の背景があり，日本語の「文化的景観」はドイツでの表現も引き継いでおり，ここでは英語の landscape をあえて「文化的景観」と訳した．
4) 「環境に優しい」は ecological の訳であるがその内容は環境になじんだ生体と生態環境を維持していることを意味すると考える．
5) 生物もしくは生物とそれを取り巻く無機的環境に関する学問つまり生命環境学．
6) 19 世紀末にアルフレッド・マーシャルが当時使われていた political economy(政治経済)という表現を economics という簡略語で表したものであり，economic science(経済の学)が語源である．そもそも economy は古典ギリシア語の οικονομία に由来し，本文にあるように οικος は家あるいは世帯を意味し，nomy となる νομος は規則・管理を意味するため，家政術と訳されることが多い．
7) ヒューズ氏には 2009 年に出版された *An Environmental History of the World: Humankind's Changing Role in the Community of Life* があり翻訳もされている．この著作の副題に community of life が使われている．
8) 「がいそう」とは，ある既知の数値データを基にして，そのデータの範囲の外側で予想される数値を求めることであり，その手法は外挿法(補外法)と呼ばれる．既知のデータあるいは収集され整理された数値データというのはそれ自体が歴史的な文脈において，あるいは科学的で理論的な根拠に基づき集められたものであり，その論理を超えた事実は見過ごされることが多い．その意味で，環境史はいろいろな分野に組み込まれることによって問題を索出する，つまり，気付かなかった論点をつまびらかにする効果がある．
9) process の複数は諸過程と単純に訳すことが可能であるが，一般にカタカナでプロセスと理解される内容は，日本語の「過程」が意味することよりも，いろいろな背景や因果連関において，様々な事象が時間と共に引き続き次に進むという「継起する」という観点が重要である．そこであえて「動き継起する諸々の過程」と訳している．

第2章
環境史の先駆者達

はじめに

　過去に人間が自然環境との間に有した関係性を意識的に探求する環境史が，歴史学という一つの学問として出発したのは20世紀後半のことであり，学者による最も新しい試みの一つである．しかし，環境史家によって投げかけられた問いは，多くの場合，古代のギリシア人や中国人をはじめとするそれぞれの民族の著述家が関心を抱いたような古いものであり，現代に至るまでの何世紀にもわたって問われてきたものである．環境史の主題は古い時代の思想でも認識されうるものであり，人間社会に環境要因が及ぼす影響，人間の行動に起因する自然環境の変化と逆にそれらの変化が人間の社会に与える影響，自然界やその働きについての思想史などである．

古代世界

　ギリシア人で，その作品が現在に伝えられている最古の歴史家ヘロドトスは，人間の取り組みが自然環境に及ぼした特筆すべき多くの変化について記録しており，大体においてそれらがもたらした負の結果を報告している．彼は，橋や運河のような大工事は人間の行きすぎた高慢さを示すものであり，神々による処罰の対象になりうると信じていた．彼によると，クニドスの人々が防衛強化のために自分たちの街と本土をつなげる，水域に囲まれた土地（地峡）に運河を掘り始めたときに，異常な人数の労働者が空中を舞う岩の破片によって負傷した．このようなことがなぜ起こったのか，不思議に思った彼らはデルフィの巫女に公使を送った．巫女はいつもの謎かけではなく，直截的な言葉で回答した．「地峡の囲いをはずすな．掘るな．ゼウスにその意思があったなら，最初から島を作ったであろう」[2–1]（Herodotus 1972: 1.174）．道具を置いて工事を止める

アルテミス／ヴェルサイユのディアナ
(フランス，パリ，ルーブル美術館所蔵)：
野生と狩猟の女神．古代人は神や女神を
通して自然環境の多様な側面を表現した．
筆者撮影(1998年)

命令は適切に発せられた．同じように，ペルシャ王が舟をつなげて作った橋をヘレスポントス海峡に架けたときも災害に襲われた．嵐の波によって橋が壊れたのである．また，彼が部下にアトス半島に運河を掘らせたとき，そして彼の軍隊が川の水を飲み干し，森を焼いたときも災害に見舞われた．これらの行いはすべて自然の秩序を破壊するものであった．ヘロドトスの報告によると，スパルタのクレオメネスは神聖な森に火を放ち，アルゴスの戦士5,000人を焼き殺した後で，ある想いから発狂してしまった．避難していた戦士を殺してしまったことについても，神の森を破壊したことについても，神の罰を受けるのだと想像しただけで気が狂ってしまい，自らをバラバラに切り刻んだ[2-2] (Herodotus 1972: 6.75-80)．

　トゥキディデスはおそらくギリシアで最も偉大な歴史家である．彼の最初の研究は，環境が歴史に与える影響に関する理論を構築するというものであった．

第2章　環境史の先駆者達

というのも，アテネの周辺の地区であるアッティカの土壌は地味が薄く乾燥しており，相対的に肥沃ではなかったのだが，彼はその魅力のなさが，アッティカを潜在的な侵入者から救い，戦争に巻き込ませなかったと主張した．そして，結果として人口減少からも守ることができた．そのような相対的な安全性ゆえに，アッティカは他の土地で繰り広げられている戦争を逃れてきた難民の避難所となった．そのため，人口はますます増え，食糧需要は土地の生産能力の限界を超えてしまった．そこで，アテネの指導者たちは，この人口圧を緩和するために入植者をエーゲ海や地中海の沿岸部にあった植民地に送り出した[2-3]（Thucydides 1972: 1.2）．

　トゥキディデスはまた，戦争状態にあるギリシアの各都市が必要とする事柄について頻繁に言及する．それらの都市が必要としていたのは，特に造船やその他の軍事目的に欠かせない木材などの自然資源である．スパルタの人々が征服したのはアテネの北の植民地，アンフィポリスという都市であったが，トゥキディデス曰く，「アテネ人は非常に驚いていた．……その主な理由は，この都市が造船に使う木材の調達に役立つからである」[2-4]（Thucydides 1972: 4.108）．他にも，アテネの将軍であるデモステネスが，大量の木材がピロスにあったことを，ピロスを征服する理由の一つとしていたという事例がある．またその反撃においても，スパルタの海兵は，船の材木を守るために岩石の多い海岸に船をあげることを控えたという．森の征服は，木材を得るための一つの手段であった．これがアテネ人がシチリア侵攻のために大艦隊を動員した理由の一つでもあったことは，退散後にアテネの指揮官アルキビアデスがスパルタ人に話している[2-5]（Thucydides 1972: 4.3,11（Pylos）; 6.90（Alcibiades））．

　医学の父ヒポクラテスが展開した環境決定論という理論は，ここで言及しておくに値する．彼が自著『大気，水，場所について』の中で主張したのは，ある場所に居住する人々の健康，感情，そして活力は，その場所の陽当たり[1]や，一定の方向性を持った風[2]が支配的であるかどうか，あるいはその場所が，気候，供給される水の質との関係において，どのような位置づけであるかによって左右されるということである．彼は様々な違いがあることを議論している．例えば，ヨーロッパとアジアの間の違い，ギリシア人が把握していた複数の民族それぞれに特徴的な文化と疫病への感染しやすさなどである．それらを各地

21

「岩の骨格だけの土地」ギリシア,アテネ付近のヒュメットス山の丘.古代に森林劣化が起こったことをプラトンが認識し,記述していた.現代の森林再生の試みは限定的な成果を上げている.筆者撮影(2011年)

域の多様な環境要因に照らして議論した.

　プラトンは,『国家』や『法律』の中で様々な理想国家が有しうる環境問題の諸相に関しても助言した.また,彼は『クリティアス』において,過去にアッティカの山で起きた森林劣化を考察した.その際,考古学的証拠として,彼が生きた時代にまだ立っていた大きな建造物の屋根の梁の多くが,その時代には「蜂の餌」(花をつける草本や低木)しか残っていない山々から切り出されたものであることを示した[2-6](Plato 1977: 111).以前にあった森林は,雨水を蓄え,放出したため,多くの泉を生み出した.その証拠として,プラトンの時代には枯れてしまっていたとしても,かつて泉があったところには神殿があった.森林劣化が進んだのと同じ時期に,大規模な土壌侵食によって肥沃で柔らかい土が移動し,土地の骨組みのような岩がむき出しになって残っただけだった.プラトンはこれを病に蝕まれた骨と皮だけの人間に譬えた.

　プラトンの適切な比較対象として,紀元前4世紀中国の哲学者である孟子が挙げられる.孟子は故郷での森林劣化の特徴について述べた.孟子は孔子の弟子であり,人間と自然の関係について多くの興味深い意見を述べる中で,土地の管理に関して価値ある助言も行った.彼が書いた儒教の古典をすべての学童

が暗記し，中国思想の主流を形成することになった[2-7](Verwilghen 1967)．結果として彼は，環境に対する中国人の典型的な見方の形成の一翼を担い，環境の扱い方にも影響を与えた．孟子の著作のなかに現代の学者が注目する一節がある[2-8](Mencius 6.A.8, Lau 1970: 164-5)．牛山[3]についての記述は，環境の変化とその原因の数々の観察における賢人の鋭さを示すものであった．

　　孟子は言った．「牛山は，かつて木々が茂り美しかった．しかし，大都市の郊外に存在するがゆえに，木々は絶え間なく斧で伐採された．もはや美しくなくなったことは驚くことであろうか．昼夜の休息を，そして雨露によって潤いを得られるゆえ，確実に草木の芽生えも十分だが，山に牛や羊が放牧される．だからこんなにも禿山になったのである．人々は，その禿げた姿を見て，かつてこの山に木が生えていたことなどないと信じている．しかし，これは果たして山の本性と言えるだろうか……．毎日絶え間なく木が伐採されているのではもはや美しくない．果たして驚くべきことであろうか．」

孟子の目に映ったのは何年にも渡る伐木・搬出によって裸にされた山であった．また，放牧によって再生が妨げられ，低木の成長が阻害されると，森林劣化は止まらないということを目の当たりにした[2-9](Ivanhoe 1998: 68-9)．彼は，模範とする聖人孔子の二つの登山(泰山と東山)を記録したが，その語り口はあたかも自分自身が山に登ったようである[2-10](Mencius 7.A.24, Lau 1970: 187)．牛山と同じ運命を苦しんでいる山岳地方が中国に多数あったことは疑いもない．

　孟子が着目した文化的景観におけるもう一つの人為的な変化として荒地の耕作がある[2-11](Mencius 4.A.1, Lau 1970: 118; 4.A.14, Lau 1970: 124)．孟子は，土地管理を国家が果たすべき主要な責任の一つとし，重要な主題として扱った．彼は，支配者に定期的に領地の視察訪問を行うよう助言した．土地の利用状況を部下の貴族による土地管理の良し悪しの証拠にするよう勧めた．もし土地の世話が行き届いていれば，役人たちに褒美が与えられるべきである．しかし「他方で，諸侯の支配領地に入った時に，その土地が放置されていると認めれば，……その場合は譴責されなければならない」[2-12](Mencius 6.B.7, Lau 1970: 176)．ギリシア人の歴史家であるクセノフォンは同世紀のペルシャの皇帝について同じような報告をしている[2-13](Xenophon, *Oeconomicus*: 4.8-9)．皇帝が支配する

数多くの地方を旅行するときは，どの地方においても鋭く土地の状態を観察した．文化的景観として十分に耕作された土地や植樹が確認できると，その地方の統治者には栄誉と領土の拡張という報酬を与えた．一方，耕地放棄や森林劣化が見られるような場合には，統治者を解任し，より良い管理者を任用した．したがって国の長たるものは，土地や住民への世話のあり方によって家臣の価値を判断した．このことは，防衛のための守備隊の整備あるいはあらゆる租税の流れを維持するのと同程度に重要だったのである．地球を大切に思い，環境問題に対処できる統治者は，優れた統治を行うことができると信用され，その統治者の資質は彼の領地における環境の状態によって判断できるのであった．これは明確な原則だったように見受けられる．孟子にしてもクセノフォンにしても，権威者は住民を代表して統治しなければならないという原則が認識されていた．「[孟子が]主張したのは，権威者は民の幸福を願うだけでは足りず，福祉を保障するために現実的な経済の方策を取らなければならないということである」[2-14](Creel 1953: 82)．孟子は，「民が最も重要であり，次に重要なのは大地や穀物の神々の祭壇で，最後にくるのは統治者である」と主張した[2-15](Mencius 7.B.14, Lau 1970: 196)．理論的には，支配者が所有しているのが土地であり，それを利用する人々に分り与えたが，統治者は祭壇や民のための労働から免れるものではない．地主は，捧げものにする穀物を育てるために土地を耕さなければならなかった[2-16](Mencius 3.B.3, Lau 1970: 108)．国の環境の状態は，その政府の価値を示す有力な証拠を表していた．

　環境史家にとって孟子の力説は示唆に富む．環境史家が特に強調するのは，孟子の保全活動の勧めである．保全活動によって，資源を枯渇させずに，毎年人々に食糧を供給できることを保証する考え方は，再生可能な資源の持続可能な利用の原則を理解していた．彼の梁の恵王への助言は注目に値する[2-17](Mencius 1.A.3, Lau 1970: 51; 7.A.22, Lau 1970: 186 同様の文章が繰り返し少し形を変えて表現されている)．

　　もしあなたが農繁期に介入しなければ，人々が食べる以上の穀物を得ることができるでしょう．もしあなたがあまりに目の細かい網を大きな池で使用することを許さなければ，彼らが食べる以上により多くの魚や亀がいることになるでしょう．もし，丘陵地の森において，まさかりや斧の使用許

可が適切な時期に限定されれば，彼らは使う以上の木材を得ることができるでしょう．

人々は播種期や収穫期には農地での作業を許されるべきであり，その時期に戦争に駆り立ててはならない．漁業では目の粗い網であれば小さな魚や亀を逃がすことができるし，漁獲に適した大きさまで成長させることができる．持続的な収量が期待できる形の森林管理によって，後の時代にも継続的な木材供給が可能になる．森林保護に関する孟子の助言は特に妥当なものであった．恵王に話す中で彼は，慎重な木材の切り出しと植林を助言しており，他の節では巨大な邸宅の建設に反対しており，丸太の無駄使いにならないように防止する知恵を示した[2-18] (Mencius 7.B.34, Lau 1970: 201; 1.B.9, Lau 1970: 68)．

ローマの歴史叙述においては，環境史を扱う論評はほとんど見られない．一方，森林がいくつかの地域で消滅してしまったことを示す記述はある．キケロは，農業，動物の家畜化，建設，鉱業，林業，そして灌漑をはじめとする，人間の自然を改変する能力を賞賛し，それらのすべてを有名な一文に集約した．「最終的には，我々の手によって，我々はあたかも第二の世界を自然という世界の中に生み出そうとしているのである」[2-19] (Cicero 1951: 2.60)．

イブン＝ハルドゥーンは偉大なイスラムの歴史哲学者である．彼の著作には環境が人間の歴史に与えた影響について多くの言及がある．生まれたのはチュニスであるが，広く旅をしている．メッカへの巡礼のほか，恐れられていた中央アジアの征服者であるティムールにも，ダマスカス近くで遭遇している．彼は，影響力ある著作『歴史序説』*Muqaddimah*[2-20] (Khaldûn 1958)で地球の気候帯について説明している．彼が用いた用語は，地理学者のプトレマイオスを想起させる．また，様々な人間集団の特徴を環境からの影響と結びつけている．当時の多くのイスラムの学者と同様に，彼はギリシアの古典的な著述家たちに精通していた．彼の最も独創的な環境論は砂漠がベドウィン族に与えた影響に関する理論，そして砂漠に生きる彼らと街の住人との対比である．彼が言うには砂漠の生活は人々を太りすぎないようにし，飢饉に対するたくましさを生み出した．砂漠の部族に属する人々は「良きことに近く」，街の民よりも勇気があり，街や都市によって守られるよりも，自分自身に頼ろうとしていた[2-21] (Khaldûn 1958: 252-7)．集団が砂漠の習慣にしっかりと根ざしていれば根ざして

ポン・デュ・ガール：ローマ人による水道橋でフランス，ニームの街へ水が供給された．古代ローマの土木工学と水管理を代表する．筆者撮影(1984年)

いるほど，他集団に対する優位性を発揮しやすいのである．都市の支配者層は，砂漠の民を先祖にしていても，砂漠の文化を失い，浪費と放蕩に身を落とす．一度都市が確立されると，砂漠の各部族は都市に生活必需品を頼るようになり，結果として都市の住民によって支配されることになったのである[2-22] (Khaldûn 1958: 308).

中世および近世・近代 4) の環境思想

中世における西洋の歴史思想は，聖書の考え方に大きな影響を受けた．神が歴史を導いており，自然は神の良き創造物であり，神はそれを利用し世話をするために人間に与えたという考え方である．修道院は荒地に建てられることが多く，著述家であるクレルヴォーのベルナルドゥスなどは文化的景観の変化を観察した．野性的な繁殖は農地や果樹園に塗り替えられ，人間は——そのほと

んどは修道士であるが，川を制御し，その水を灌漑して利用し，そのエネルギーを製粉機の動力にした[2-23](Glacken 1967: 213-4, 349-50)．自然界における人間の労働がもたらした変化は，有用なだけではなく，美しいとされた．ベルナルドゥスが生きた時代は，農地の拡張，入植，そして森林開拓が盛んな時代であったが，その作業の多くは普通の農民によるものであり，修道士によるものではなかった．

クラレンス・グラッケンの指摘によると，北部の未開な民族出身の中世史家であるカッシオドルス，パウルス・ディアコヌス，セヴィリアのイシドールス，そしてヨルダネスらは共通して，過剰人口や気候を，彼らの中欧そして南欧への進出の要因に挙げる傾向にある[2-24](Glacken 1967: 259-61)．彼らの考えでは，北方の過酷な寒さが住民の気力を鍛え，時に彼らの土地が養える限界を超える数の子どもを持つ勇気を与えたのである．

環境法制の変更は時に中世の年代記で言及されるほど広範囲に及び，民衆には嫌われた．例えば，『アングロ・サクソン年代記』における匿名の叙述の一つに，ノルマン人の森林法がイングランドに導入されることに反対するものがある．その法律は，広域にわたって王族の森林を作り，国王のために狩猟権を留保するというものであった[2-25](Young 1979: 2-3; 引用は Whitelock 1961: 165)．

　　国王は獲物を大々的に保護し，
　　法律を課したのである，そのために
　　アカシカの雄または雌を殺した者は
　　失明させるべきである
　　彼はアカシカの雄もイノシシも守った
　　そして成熟した雄鹿も同じように愛した
　　まるでそれらの父親であるかのように
　　さらに，野ウサギの自由も法律に規定した
　　強者は不満を漏らし，貧しき者は嘆いた
　　しかし彼の熱意はあまりにも激しく，皆の恨みに無関心であった
　　でも彼らは国王の意思には全面的に従わねばならなかった
　　もし生きることを望み，そして彼らの土地，
　　財産または遺産，あるいは国王の偉大な恩恵を保持しようとするなら

中世の環境変化の情報は，一般史からではなく数々の地方史から得られる可能性が高い．というのもそのような変化は，ほとんどの場合一つの地域の文化的景観の中で書き留められたからである．例えば，イタリアのある都市で汚染を防ぐため施行された法律は，イタリア史においてよりも，その都市の歴史として記載される可能性の方が高い．イタリア史では王朝や軍事的な出来事が中心となるからである[2-26](Zupko et al. 1996).

　リチャード・グローヴはその草分け的研究である『緑の帝国主義』[2-27](Grove 1995)において，物理学者をも含む科学者は早くも17世紀には宗主国によって派遣された先の，大洋の島々やインド，そして南アフリカにおいて環境変化に気づき，その変化があまりに早かったため，人間の一生の範囲の中で年代記として記録することができたと明らかにしている．彼らが記録したのは，人為的な森林劣化や気候変動の証拠であった．もっとも，彼らは原則として，その新たな知見を公式に発表することはなかったが，人間は世界各地で環境変化を引き起こしてきたのであり，これらの変化の多くは革新ではなく価値の低下に過ぎないという発想に新たな弾みを与えた．生物学，動物学，気候学，そして地理学を専攻するヨーロッパ出身の学者は研究機関の管理者や創始者となった．このような研究機関の中で，植物園は，環境理論の発展において異例なほど重要な役割を果たした．植民地政府は，植物園の代表を他の重要な職に任命し，科学者を顧問や統治者にさえもした．時には，彼らの考えを聴取し，現場で試すこともあった．しかし，そのような事例は例外的であった．というのも，科学者を送り込んだ政府や企業は，直ちに経済的利益を生むような事業にその努力を注ぐことを期待したからである．それだけに，純粋な科学に没頭する者は配置換えや割当額の削減などの憂き目にあわせることで罰した．「国家が環境劣化を防止するために行動するのは，経済的利益が直接的に脅かされている場合だけである」と，グローヴは考察した．「哲学的な考え，科学，先住民の知識，そして人々や生物種への脅威は残念ながらそのような決定を早急に生じさせるには十分ではなかった」[2-28](Grove 1992)．権力を有した彼らが，熱心な自然の観察者に耳を傾けていれば，長期的には利益が皮肉にも得られたであろう．初期の科学者が展開した主張の中で比較的説得力を有したのは，植民地政府が統治する領域の環境劣化を避けることは，当該政府の利益にかなう

第 2 章　環境史の先駆者達

という議論である．経済学者のリチャード・カンティロンの提言によれば，「国家とはその土地に根を張る樹木である」[2-29] (Grove 1995: 221)．もし植民地で森林がなくなったら，もはや木材を供給することはできなくなる．森林劣化の進んだ土地は侵食に苦しみ降雨が少なくなるため，食糧生産や他の作物の栽培に必要な土壌も水も足りなくなる．貧困と飢餓に直面した植民地の各民族は反抗的になるだろう．

帝国主義の擁護者がいても良さそうなところにグローヴが見出したのは，熱心な観察者，創造的な思想家，そしてヨーロッパが支配した多様な民族や生態系に対して用いた破壊的な方法やその応用についての批判的な分析家である個人であった．18 世紀中頃にモーリシャスの監督官を務めたフランス人，ピエール・ポワーヴルは森林劣化に伴う雨量の減少に気づき，文化的景観の保護と再生を助言した．彼は，母国の資産も植民地の資産も同じく無駄にした過去の文化的景観の扱い方は，森林劣化による「土地の奴隷化」であり，それゆえ「神聖の冒瀆」であったとした [2-30] (Grove 1995: 203, 206)．ポワーヴルは，初めてモーリシャスを垣間見たときに，この島はエデンに似ていると感じたのだが，実際により近くで見るとそう思わなくなった．彼は説得力ある理由をもって保全を正当化し，実践しようとした．トーマス・ジェファーソンは多くの点でポワーヴルの考えを共有している．

何人かの初期の環境主義者は，自然環境を守り育成することを主張し，インドで出会った人々と自然の調和に関するヒンドゥー教やジャイナ教の考え方に魅力を覚えた．「神なるものと「全ての存在物」を同等とみなせることは，西欧あるいは聖書の秩序観や創造における人間の優位性からの離脱を意味した」[2-31] (Grove 1995: 371)．彼らは地域の生物相[5]に関する先住民の知識や，過去の保護実践である，植民地時代以前にインドの諸王国で設立された狩猟場群[6]，すなわち野生生物および森林の保護地区に興味を示した．植民地の科学者の環境への関心は多くの場合，地元住民の福祉への改革者的な同情，さらには男女同権論者の考えとすら一致するものであった．グローヴは，スコットランドの外科医で自然主義者，そして植物学者のウィリアム・ロクスバラのような優れた人物を描いている．ロクスバラは，インドにおける生態系及び気候の変化を感染症や飢饉と結びつけ，後に，植民地政策がインドの人々と環境に及ぼした

影響について一般的な論評をまとめた．外科医のエドワード・グリーン・バルフォーをはじめとする何人かは，保護を唱道するだけでなく，反植民地主義をあからさまに唱えることで，同僚や上司に対して警鐘を鳴らすことに躊躇はなかった．

　近代の著作家の中で，環境史に注意が向くのを助けた人物にはジョージ・パーキンス・マーシュがいる．彼は，在イタリア米国大使として長期にわたって仕え，地中海地方やその他の地方において「人間行動が我々の生息する地球の物理的状態にもたらした変化の性質及び範囲」を観察した．1864年に出版された偉大な著作である『人と自然』[2-32]（Marsh 1864/1965: 10-1）の中では，「無知な人間が自然の法則を無視した帰結は土地の劣化であった」としている．当時支配的であった経済的楽観主義と異なり，彼は「人間」が自然の調和の攪乱者であり，森林劣化を含む人間の活動の多くは文明が依存する自然資源を枯渇させたのだと考えた．この要素がローマ帝国を崩壊に導いたのである．特に諸燃料などの必需品の不足を生じさせ，それが壊滅的な影響を経済の構造に与えたと指摘した．『人と自然』は世界中を調査して，人類がどのように自然を破壊してきたか，そして破壊し続けているかを調べることを意図した．彼にとって，ローマだけが環境危機を経験した組織化された社会だったわけではなかった．彼は地中海の国々，ヨーロッパ，そして北アメリカに通じていたため，それらの地域が強調されることとなった．マーシュは環境劣化の問題，そして自然資源の枯渇の可能性を体系的に調査した環境史の先駆者の一人とみなしてよいであろう．

　地球を家になぞらえて，マーシュは適切に述べていた[2-33]（Marsh 1864/1965: 52）．

　　我々は今でも，我々の住処の床や板張りそして戸や窓枠を，身体を温め，ポタージュスープをグツグツ煮るために，壊して薪にしている．そして世界は，ゆっくりではあるが信頼に足る科学の進歩が我々により効率的な資源の利用方法をもたらすまで待っている余裕はないのである．

　その前の彼の指摘によると[2-34]（Marsh 1864/1965: 43），人類の破壊的な行動によって，

　　地球はその最も高貴な住人がすむにはふさわしくなくなってきている．次

の時代も今と同じ人間の罪と軽率さが続き，その罪と軽率さの痕跡が広がれば，生産性が疲弊し，表面がボロボロになり，そして気象が異常化するという状態に地球が引き下げられる．その結果，ヒトは堕落や野蛮な行為に陥り，さらには種の絶滅に追い込まれる脅威に晒されている．

マーシュがあまりにも雄弁に自然環境の破壊を表現するため，彼を手つかずの自然の擁護者と容易に間違えてしまうが，次の一節からわかるようにそれが彼の目的ではなかった[2-35] (Marsh 1864/1965: 15)．

　私が望むことはこのような経済的に重要な話題への興味を沸き立たせることに尽きる．そのために，我々が生息する地球の物理的状況に対する人間の行動の影響が最も有害あるいは有益であったとき，または現在そうであるならば今，その行動はどういう方向性を持っているのか，どういう方法なのかを示し，描くのである．

人類は，「生きている自然のすべての種」に対して容赦なき戦争を仕掛けたのかもしれないが，一方で，家畜化することによってその多くを高尚なものに仕立てた．マーシュにとって原野は生い茂っていて使いにくいか，乾燥して不毛かのいずれかである．彼が望んだのは，農業を営みながらすべての文明化した芸術に従事する，活力に溢れ繁栄している人間の共同体である．しかしそのような共同体は，文化的景観に変更を加えずに存在することができない．

マーシュの最も鋭い指摘は，人間が自然環境に加える変化の多くは，それが善意であっても，その帰結を考えていなかったとしても，人間にとっての環境の有用性を損なってしまうということである．山麓の森林は比較的原生林に近い状態で維持されなければならないが，それは森林そのもののためではなく，侵食を防ぎ，一年中頼れる真水の供給を保証するためである．森と山が美しいのは事実だが，美学は人間にそなわる価値の一つである．マーシュの考え方には一つの願望を見出すことができる．人間のニーズも満たされ，同時に自然の調和が保たれるような人間と自然のバランスを切望しているのである．彼はそれが可能だと信じている．人間は破壊的であるが，一方で自然の協働者として破壊された調和の修復に携わることができる．

20世紀初頭

　20世紀の初めから中葉にかけて，フランスの歴史家集団が，他地域の研究仲間とともに，地球規模の人間社会と環境相互の影響を追跡した．歴史学の射程範囲を広げる取り組みの一環として，地理的な諸条件の重要性を強調した．また，歴史家と地理学者に広く影響を及ぼすだけではなく，環境史を勢いづけるきっかけとなった．彼らはアナール学派として知られている．その名は彼らが多くの論文を発表した1929年に創刊された雑誌[2-36]（この雑誌のタイトルは，*Annales: Economies, Sociétés, Civilisations* である）に由来する．

　アナール学派の創始者の一人はリュシアン・フェーヴルである．他の著名な人物でそのグループに所属していた者はフェルナン・ブローデル，マルク・ブロック，ジョルジュ・デュビーやエマニュエル・ル＝ロワ＝ラデュリである[2-37]（Burke 1990はこのグループを知るのに価値がある．もっとも，バークは環境史との関連は語っていない）．フェーヴルの著作である『地理学的歴史学入門』[2-38]（Febvre 1925）は古典である．この著作は，歴史家がその領域で環境を意識することの重要性を主張しており，環境史が専門分野として，また方法論として認識される道を開いた最も重要な文献の一つである．フェーヴルは，自然環境は人間に関する様々な出来事と重要な関係にあることを主張した．同時に彼は環境決定論に反論している．多くの批判的な論点において，歴史学に地理学的方法論を用いることを批判する立場からは，そのようなアプローチは人間を環境が持つ威力や影響力の手駒または「患者」にしてしまうと非難された．フェーヴルは環境の重要性を強調する一方で，環境は社会に「可能性」を確立するに過ぎないと断言した．彼の主張では，人類は広範な選択肢を有し，その中で自由と創造力が発揮される．今日のほとんどの環境史家は，大筋においてフェーヴルの議論を支持するであろう．

　フェーヴルの本は哲学的には永続的な価値があり，歴史および現代の理解に役立つ．しかし，彼の歴史学的および人類学的な事例は，時代遅れであったり，誤りを含んでいたりする場合がある．この本は「人文地理学」であり，本質的には歴史学そのものではない．それでも，フェーヴルが述べていることの多く

は歴史家にとって価値があり，彼によれば，正当な研究対象とは歴史的な進化における社会と環境の関係なのである[2-39](Febvre 1925: 85).

フェーヴルは，彼の生きた時代としては驚くほど生態学的に対象に迫っている．彼は，人間が様々な自然システムの一部であり，他の部分と常に関連を持つ必要があると理解している．例えば，彼は「そうであるならば，「人間」という概念を人間社会という概念に置き換えて，地球上のあらゆる地域に存在する種々の動物の共同体や植物群落との関連性においてそのような社会の行動の本質的な性質を説明しようと努力した」[2-40](Febvre 1925: 171)と述べている．人類は，動植物と同じ，あるいは同じような拘束の下に生きているのである．しかしながら，フェーヴルは，今日我々が環境問題とみなしている事柄についてほとんど言及していない．フランスの森林劣化については少し議論しているが，汚染や生物多様性の喪失などへの言及はほとんどない．にもかかわらず，彼は人間の行動が地球を傷つけていることを認識している．「文明化した人間は，地球を対象として巧みに開発を指揮し，それが職人技であるために，もはや自分では驚かなくなっている．しかし，少し立ち止まって考えるならば，極めて不安にもなる」[2-41](Febvre 1925: 355).

環境の影響を重視する初期の環境擁護者は，気候や他の環境要因が人種的な特徴や違いを生むという考え方を受け入れていた．フェーヴルは人種差別主義的な解釈を拒否したが，今日では許容されない，いくつかの固定観念に陥っている．それらは当時ヨーロッパで一般的であった無思慮ゆえの偏見の一部を構成する．例えば，アフリカの農業の叙述においては，「土壌は深く掘り返されることはない．黒人は表面を引っ掻いているに過ぎない」[2-42](Febvre 1925: 288)と述べている．また，フェーヴルの表現は時に男女差別的でもあった．

フェルナン・ブローデルの研究である『地中海（フェリペ二世時代の地中海と地中海世界）』[2-43](Braudel 1972)の初版は1946年に出版された．環境を強調するアナール学派の立場を代表するものである．この本は歴史書であるが，1,300頁にも及ぶ2部構成の同書の第1部は「環境の役割」と題されており，その冒頭の節の題で「最初に来るのは山々である」[2-44](Braudel 1972: 25)と宣言している．後続する多くの章は環境と経済を扱い，伝統的な歴史学の主題は第2部まで登場しない．ブローデルは，地中海の歴史を扱う上での地理学的空間と環

境の重要性について説得力のある主張を展開している．彼は，変化する環境，特に造船に必要な木材の不足を招いた森林劣化を認識している[2-45]（Braudel 1972: 142）．ブローデルは，スペインのメディナ・デル・カンポにおいては，「地中海の原始の森は，人間に攻撃され，大幅に，過剰に減少した」と指摘した．木が不足したため，薪は夕食のために鍋で調理される食料と同じほどに高価になった[2-46]（Braudel 1972: 239）．彼は，気候の変化は人間が文化的景観を変容させた結果であることが多いと考えていた．彼は，気候の乾燥化と「大規模の森林劣化」を結びつけた[2-47]（Braudel 1972: 268）．

エマニュエル・ル＝ロワ＝ラデュリは，著作『饗宴の時，飢饉の時』[2-48]（Le Roy Ladurie 1971）において，さらに大規模な研究を展開している．年輪，葡萄の収穫年月日，アルプス山脈の氷河の前進と後退の描写を証拠として，ラデュリは小氷河期を含む温暖な時期と寒冷の時期を編年史として描いた．そして，気候が，歴史において不変からは程遠いものであることを示した．

アメリカの開拓史家たちも，歴史において環境を考慮するきっかけを与えた．例えば，フレデリック・ジャクソン・ターナー[2-49]（Turner 1893）やウォルター・プレスコット・ウェブ[2-50]（Webb 1960）である．彼らの学説によると，西部の開拓地が環境の安全弁の役割を果たしていたため，当時はまだ平等主義的な考え方が生きていたが，1890年頃の西部開拓時代の終結はその好ましくない社会的帰結を告げるものであった．ウェブは，自らの方法を，地理学と物理的〔自然的〕環境を通して歴史に接近しようとするものと説明した．ジェイムズ・C.マーリンの『北アメリカの草原』[2-51]（Malin 1967, orig. edn. 1947）は，グレートプレーンズへの定住に伴って起きた生態系の様々な変化を気づかせた．20世紀半ばのアメリカの歴史家で，この研究に馴染みのない人がありえたとは想像しがたい．20世紀後半にアメリカ合衆国が，自ら意識的に探求する分野としての環境史の登場とその発展の舞台となったのは，このことが一因だったかもしれない．

1) 気候学における専門用語としては「太陽光暴露」．
2) 気候学における専門用語としては「卓越風」．
3) 「牛山之木」という四字熟語にもなっている逸話をヒューズ氏は紹介している．牛山の禿山状態を譬えにして，人間が善なる性質を本来持っていたとしても，損ない続けると悪なる

第 2 章 環境史の先駆者達

性質を示したことになるということを意味している.
4) この「近世・近代」は, early modern の訳語である. 通常, modern history を近代史と訳すならば, その初期段階を示すことになる. 日本史であれば, 近世史が徳川時代をさすのであるから, 初期近代は明治初期を示すことになるかもしれない. しかし, ヨーロッパ史では early modern は一般に初期近世と訳している. そうならば, この初期近世は江戸時代の初期を示すことになりうる. 歴史の時代区分は各国で一致しているわけではない. ヨーロッパ史の中でも時代区分は各国ごとに異なる. フランス史のようにフランス革命以前の時代は旧体制時代と呼び, その後を近代とする場合もあれば, ドイツ史のように, 宗教改革からナポレオンの時代, つまり, 16 世紀から 19 世紀初頭までを初期近世と呼ぶ場合もある. つまり, 政治体制の変遷と各国の歴史の時代区分が連動する限り, 「近世」もしくは「近代」は決して自明ではないのである. さらにまた, 世界史あるいはグローバルヒストリーの枠組みで考えると, 中世史, 近世史, 近代史, 現代史という時代区分はもはや決して自明ではないと考えられるし, それは生態系を中核に据える環境史の場合も同様であろう. そこで本書では, early modern の訳語は, 近世, 近世・近代あるいは初期近世と文脈に沿って柔軟に訳し変えている.
5) 原語は biota でラテン語であるが, ギリシア語の biotē に由来する. Merriam-Webster によれば, 1901 年に初めて英語として使われるようになった. 一定の区域の動植物を意味する.
6) 原文では shikargah の複数形が使われており, その訳である. 狩猟の獲物を備えておくという意味で, ここでは狩猟場群と訳している.

第3章
アメリカ合衆国における環境史の出現

はじめに

　環境史は，アメリカ合衆国で名称を与えられ，歴史学という学問の下位の研究分野として他から区別し組織された．この章ではこのアメリカ合衆国で生み出された環境史という分野の影響力ある発展についてまとめる．20世紀初頭は，当時，「自然の保持・保全」[1]の歴史と呼ばれていたテーマへの関心が高まった時代である．それは進歩主義的保全運動(Progressive Conservation Movement)であり，土地利用，資源保全，そして野生・荒野という原生自然(wilderness)を問うものであった．それに対して，20世紀半ば以降に起きた環境主義の勃興は，歴史家の関心が汚染，生活様式，環境法制などにも向けられるようになったことを意味する．この章では，アメリカ合衆国の環境史の叙述において顕著であった話題をいくつか簡単に考察するが，それにはアメリカ環境史の概観，コロンブス以前の時代の調査，地域研究，伝記，パブリックヒストリー[2]そして法学，非政府組織(NGO)，都市環境，環境正義，社会的・文化的性差(ジェンダー)などの論点が含まれる．最後に取り上げるのは，より具体的な環境的主題として研究され，環境史が下位区分として認識される以前に学会が組織され，その実践家たちが環境史と共通の関心を強く抱いているような，例えば，技術史，農業史，森林史などである．

　1960年代末に環境史を研究し，この分野に関心を向けたのは，比較的限られた学者だけで，彼らはお互いを知らないことが多かった．しかし21世紀の初めまでには，これが数百人あるいは数千人の集団になり，複数の異なる研究会が組織された．そして，この集団は，インターネットや執筆活動を通じて互いに十分に連絡を取り合うようになっていた．著作物は，書籍のほか，多岐にわたる数多くの雑誌の投稿論文などの形で急速に公刊され，その数は広い範囲で増え続けている．この分野の調査を試みる者は皆，私も含めて，包括的に概

説しようとしたときにその飛躍的な成長に圧倒されてしまう．2003年にジョン・R.マクニールが提供した概観は見事であった．「環境史の本質と文化の諸考察」[3-1] (McNeill 2003) と題したその論文は，この分野に興味のあるものは必ず読むべきである．マクニールは，「少ない文献を基に書かざるを得なかった」と，想定される批判者に対してあらかじめ控えめに抗弁していた[3-2] (McNeill 2003: 5)．彼が抽出した文献の数は相対的に少なかったとしても，絶対的には少なくなかったであろうことを，その論文が網羅する範囲の広さと深さが示している．私には彼とその他の開拓者の足跡を追うことしかできない．その他の開拓者とは，アルフレッド・クロスビー，リチャード・グローヴ，サミュエル・ヘイズ，チャー・ミラー，ヴェラ・ノーウッド，ヨアヒム・ラートカウ，マート・スチュワート，リチャード・ホワイト，そしてドナルド・ウースターたちである．

自然の保持・保全から環境を対象とするアメリカ史へ

環境史が意識的な歴史学的営為として初めて登場したのは1960年代から1970年代にかけてのアメリカ合衆国においてである．このように記述することで，環境史のテーマの多くはヨーロッパの歴史家たちの著作においてすでに登場していたことを否定するつもりはない．それは前章でも事実として示したし，この後さらに詳しく説明する．それに，歴史家たちはすでにアメリカで起こっていた保全運動に気づいていた．そこには自然保護の唱道者が含まれ，その中にジョン・ミューアと進歩主義的保全運動があった．この運動は，慎重かつ科学的な根拠に基づく自然資源の利用を掲げて，ジョン・ウェズリー・パウエルやギフォード・ピンショーなどによって強力に推し進められた．進歩主義的保全主義者は，セオドア・ルーズベルト(1901-09)やフランクリン・ルーズベルト(1933-45)が政権を握っていた時代にホワイトハウスの強力な支持を得ていた．

保全に関心を持つ歴史家は，1890年頃の「フロンティアの終焉」から1930年代の大不況までの時代を，アメリカ合衆国特に西部は，もはや無尽蔵の自然資源の宝庫と見なすことができなくなったことに気づく時代と考えた．政府は

第 3 章　アメリカ合衆国における環境史の出現

土地の私有化をやめさせて，できるだけ速やかに連邦政府機関が管理する公有の保護区を創設する方向に政策転換した．アメリカ合衆国の連邦議会は 1872 年に世界初の国立公園，イエローストーンを指定し，その後続いて多くの国立公園が設置された．1916 年にアメリカ合衆国国立公園局を設立する法案が通り，国立公園を管理するようになった．1891 年には保留林(Forest Reserve)を定める権限が大統領に与えられ，何百万エーカーもが次々に認められた．セオドア・ルーズベルトはその権限をあまりにも積極的に振るったので，保守的な議会が無効にしたが，時すでに遅かったのだろう．というのも，ルーズベルトは法案に署名することができるそのペンを取り上げられるまで乱用したのである．1905 年に設立されたアメリカ合衆国農務省林野部の下で，国の森林資産は拡大し続けた．他の保全活動としては，野生生物保護区，国定記念物，土壌保全，干拓・灌漑，そして牧草地化規制などがあげられる．

　鳥瞰図的なアメリカ合衆国保全史は，1963 年にスチュワート・ユードルが書いた『静かな危機』[3-3](Udall 1963; この文献が改訂改題されたのが Udall 1988)に見られる．ジョン・F. ケネディおよびリンドン・B. ジョンソン大統領の各政権でアメリカ合衆国内務長官を務めたユードルは，19 世紀中葉と後期を個人の搾取者が「資源に踏み込んだ」時代として描いた．そして，進歩主義的保全運動を，公有の資源が国民の利益のために利用される民主主義の勝利として捉えた．サミュエル・P. ヘイズは批判的な分析を『保全と効果という福音』[3-4](Hays 1959)において示し，ルーズベルト時代の保全主義は科学的な管理と組織的な効率性を強調するものだったとした．さらに最近では，アダム・ロームのアメリカ合衆国の保護史に関する文献を概説した論文「保護，保存，そして環境実践主義」[3-5](Rome 2003)がある．

　ロデリック・ナッシュは『原生自然とアメリカ人の精神』[3-6](Nash 1967)で，保全を知の歴史の文脈に置き，保護主義者の思想を強調した．また，原生自然を初期の環境史の主な関心の対象として捉え，都会や「第二の風景」としてのアメリカの田舎と対比した．

　しかし，環境運動，そして学問的な試みとしての環境史の誕生期に，アメリカ人の環境に対する態度が大きく変化したことを定義したのはヘイズであった．論文「保全から環境へ——第二次世界大戦以降のアメリカにおける環境政策」

は後に加筆され,『美,健康,そして永続』[3-7](Hays 1982; Hays 1987)として出版された.ヘイズは,環境に対する新しい価値観が登場したことを指摘した.その価値観とは環境の快適性,余暇活動,美意識,そして健康への欲望などで,どれも生活水準と教育の向上に伴うものであった.もちろん,アメリカ人はすでに少なくとも半世紀以上はキャンプやハイキングをし,アウトドアを楽しんでいた.ミューアは1892年にシエラ・クラブを創設し,原生自然に関する価値観を広めようとした.自動車が1920年代半ばに輸送手段の主流になると,アメリカ人は公園や森林に出かけるようになった.1950年代には,アメリカ人はその心を奪っていた経済不況や戦争から解放され,前例のないおびただしい数の人々が環境に関連する余暇活動を求めるようになった.

アメリカ人は次第に,土地利用や資源を超えて,直接的な影響を受ける環境問題に関心を抱くようになった.彼らは,核実験による放射性降下物の結果起こる放射線汚染の危険性を認識した.人々は,ニュース報道で五大湖における石油流出事故や水質汚濁について知り,全国でガソリン不足が生じていて,各都市からグランド・キャニオンまで,至る所で大気汚染の水準が悪化していることを目で確認し,肌で感じるようになっていた.1962年の『沈黙の春』[3-8](Carson 1962: 6)でレイチェル・カーソンが分解しにくい農薬による被害について警告すると,多数の環境運動が起こった.それらが全国レベルの認知度を達成するのは,1970年4月22日,最初の「地球の日」(アースデイ)のことである.これに続いて,一連の環境法が議会で成立し,複数の大統領が署名した.リチャード・M.ニクソンもその一人である.「生態学」というそれまであまり知られていなかった科学は,誰でも知っている言葉として定着した.

1960年代から70年代にかけて環境史という研究領域を創造した歴史家のほとんどが環境主義者であったということは疑いもない.そしてこの事実に導かれて,彼らはその研究及び執筆活動において彼ら特有のテーマを強調することを選んだのである.例えば,ロデリック・ナッシュは,環境権の宣言を起草し,1969年のサンタバーバラ海峡で起きた悲惨な石油流出事故に関する有名な会議を企画した.サンタバーバラ海峡は,彼が勤めるカリフォルニア大学のキャンパスから望むことができ,彼はその後,環境研究の実践プログラムの立ち上げに関わった.しかし,最初からこれらの歴史家は,彼らの執筆活動が環境主

義的ジャーナリズムと見なされてはならないという懸念を示した．ジョン・オーピーはこの問題を 1982 年に取り上げ，「擁護（唱道）という妖怪」と呼んだ[3-9]（Opie 1983）．それは，環境史家が歴史家の集団において，学問を損なうような視点を主張するのではないかと疑われていたことによる．しかし，おおよそそのような不信感は正しくなかった．環境史家は客観性を守り（擁護を避けようとするあまり，時に過剰に反応していたかもしれないが），反対勢力だけでなく環境主義者に対しても批判的であることが多かった．オーピーは，擁護には美徳があり，それを完全に避けようとするといくつもの倫理的な問いを失うことになると読者に再認識させた．辛辣であることは，必ずしも熱心な行動力を否定するものではない．歴史家として広く尊敬されるドナルド・ウースターはその良い例で，彼は当人の歴史理解から引き出される活動であれば，推奨することを躊躇したことがない．しかしながらこの問題にはまだ議論の余地がある[3-10]（Kheraj 2014 参照）．

　1976 年，歴史家を中心とした集団に，「環境倫理」に関わる哲学者と環境に関連した主題の文学を研究する学者もかなりの人数が加わり，アメリカ環境史学会（ASEH）を結成し，ジョン・オーピーを学会長として迎えた．同年，同学会の学術雑誌が創刊された．その雑誌は，『環境評論』*Environmental Review*（1976-89 年）という題から，『環境史評論』*Environmental History Review*（1990-5 年），『環境史』*Environmental History*（1996 年から現在）と名前を変えてきた．この雑誌名の変遷が示すように，この学会の学術的な努力は，最初は広く学際的な冒険であったのが，ますます歴史学の一分野として見なされるようになったのである．それでもなお，環境史はその研究が行われている至る所において形成期から学際的な試みであり続けている．

アメリカ合衆国における環境史の諸要素

　1985 年に公刊されたリチャード・ホワイトによる研究史的な論文「アメリカ環境史——発展する新たな歴史分野」[3-11]（White 1985; White 2001a も回顧的なものとして参照）もこの分野で生まれつつある学識を概観した．それ以来，環境史の研究史的評論を行おうとする者は皆，アメリカ合衆国における環境史は，

その文献が広範かつ多様であるため，包括性を求めるなどは不可能と理解した．

1990 年，『アメリカ史学雑誌』 *The Journal of American History* が環境史の特集を組み，アルフレッド・クロスビー，リチャード・ホワイト，キャロリン・マーチャント，ウィリアム・クロノン，スティーヴン・パインらの論文，そしてドナルド・ウースターの場合は論文二つが掲載された[3-12]（*The Journal of American History* 76-4, 1990: 1087-147）．この特集は，当時重要視されていた問題への洞察を示したが，これらの問題はその後も環境史の分野に影響を及ぼし続けている．2002 年に発行されたキャロリン・マーチャントによる『コロンビアの入門書――アメリカ環境史』[3-13]（Merchant 2002）は，信頼すべき指南書である．

本書のような長さの本で，筆者はマーチャントの申し分のない包括性を真似することは望むべくもない．そのため，この後の内容としては，アメリカ合衆国の環境史家が 1970 年から 2014 年にかけて特に関心を抱いた主要な主題についての著作を概観することにする．ここで取り上げる文献はすべての文献を網羅するものでは決してなく，学生に示唆を与えうる文献の一例を選択したに過ぎない．

マーチャントの本の最初の章は「アメリカの環境と先住民とヨーロッパ人の出会い――1000 年から 1875 年」と題し，年代記的な叙述を優先している．新世界へのヨーロッパ人の侵略を取り扱う画期的な本として，アルフレッド・W. クロスビーの『コロンブスの交換』[3-14]（Crosby 1972）がある．クロスビーは，ヨーロッパ人の成功は優秀な兵器や技術ではなく，彼らが持ち込んだ生物による生態学的帰結であるとした．クロスビーが名付けた「旅行カバンの生物相」には動植物，そしてとりわけそれらへの抵抗力が低いアメリカ先住民の間で「処女地の疫病」を流行らせた微生物が含まれた．アメリカ先住民がどの程度環境に優しい生活様式を有していたかについては長く論争が続いてきた．カルヴァン・ルター・マルティンは『猟獣の番人たち』[3-15]（Martin 1978）において，アメリカ先住民の信念構造は長年の経験を通して北アメリカ大陸の環境に適応したが，ヨーロッパ人との交易や疾病の影響を受けて崩壊したのであって，いずれにせよ，アメリカ先住民の生態学的美徳は異民族によるヨーロッパ系アメリカ社会で踏襲されえなかった，と主張した．

ナバホ保護地区の荒廃地で放牧される羊．アメリカ合衆国，ユタ州．筆者撮影(1963年)

アメリカ合衆国の規模と生態学的多様性を踏まえると，その国土全体で環境史を語るとすれば世界の環境史に通じる問題がいくつか生じる．それでも，その作業はいくつかの教本で試みられてきた．例えば，ヨゼフ・M. ペトゥラの『アメリカ環境史』[3-16](Petulla 1977/1988)やジョン・オーピーの『自然の国家』[3-17](Opie 1998)である．また，テッド・スタインバーグの『地球に降りると』[3-18](Steinberg 2002b)は，アメリカ資本主義が自然のあらゆる側面を商品化したがる傾向を批判した．キャロリン・マーチャントの『アメリカ環境史——入門』[3-19](Merchant 2007)は案内書として有効である．マーク・フィージの『自然の共和国』[3-20](Fiege 2012)は，網羅的な概説に挑んだものではないが，慎重に選んだアメリカ史のいくつかの章において，それらの環境的側面とともに説明している実り多き著作である．

地域環境史は早期に登場した．ただし，いくつかの地域は他の地域よりも多く扱われ，まだ文献に登場していない地域もある．しかし，生態学的には地域の方が国家より適切に定義しやすい．グレートプレーンズはすでに地域的な主題としてウォルター・プレスコット・ウェブとジェイムズ・マーリンの著作に登場していた[3-21](Webb 1931; Malin 1967, orig. edn. 1947)．1970年のウィリアム・R. ジェイコブズの「フロンティアの男たち，毛皮商人やその他のならず者たち——生態学的にアメリカの開拓地はアメリカ史でどう評価されるか」[3-

グレートプレーンズの一部の航空写真．アメリカ合衆国，カンザス州．方形のモザイク的土地利用は，1785年に開始された連邦政府による公有地測量調査，そして1862年のホームステッド法による．筆者撮影(1962年)

22］(Jacobs 1970)は，広大な西部を主題とした．世界を揺るがしたこの論文は，アメリカ環境史を立ち上げるきっかけとなった重大な論文である．わな猟師や交易商人たちを西部で活躍した勇敢な探検家や開拓者として見るのではなく，むしろ環境への侵略者として見るべきだと主張した．例えば，ビーバーを追い出した河川では，ビーバーダムがなくなったために侵食が起こりやすくなった．1979年に，黄塵地帯(ダストボウル)という1930年代に起こった環境災害に関する重要な二つの研究が登場した．一つはドナルド・ウースター，もう一つはポール・ボニフィールドによって書かれたものである［3-23］(Worster 1979; Bonnifield 1979;これらと比較できるものとしてCronon 1992a)．より以前の出来事として，バイソンが絶滅寸前の状況に陥ったことについて，アンドリュー・アイゼンバーグが生態学的に説明している［3-24］(Isenberg 2001)．

　キャロリン・マーチャントは，編著『緑対金』［3-25］(Merchant ed. 1998)で，州全体で一つの地域を構成するにはあまりに広大で多様性に富むカリフォルニア州の環境史をすばらしい案内で明らかにした．同書は，カリフォルニア州の歴史の各時代における環境の変革について書かれた原文書と，その解説的な諸論文の選りすぐりである．アメリカ先住民，スペイン系の入植者，ゴールドラッシュに参加した人々，林業家，農家，水資源の開発者，都市生活者，科学者

第 3 章　アメリカ合衆国における環境史の出現

そして環境主義者などの声が収められている．

　ニューイングランドの初期の環境史を主題にした本に，ウィリアム・クロノンの『変貌する大地』[3-26] (Cronon 1983) がある．広く賞賛されたこの本は，土地に対するヨーロッパ人の態度や資本主義が，土地の変革そして追いだされたアメリカ先住民にどのような影響を及ぼしてきたかを追った．そして再びキャロリン・マーチャントであるが，『生態学的革命の諸相』[3-27] (Merchant 1989) で，ニューイングランドにおける二つの大きな土地利用の変化を考察した．一つ目の変化は植民地への家族での定住，そして二つ目は 19 世紀初めの市場経済への移行によってもたらされた．リチャード・W. ジャッド[3-28] (Judd 2014) は，ニューイングランドにおける保全活動の原点は，上意下達の政府による管理ではなく，一般の人々の態度や意思決定にあると考えている．

　アメリカ合衆国南部の環境史はアルバート・E. コードリーが『この土地，南部とは』[3-29] (Cowdrey 1983) において分析している．そこで彼が指摘したのは，綿，トウモロコシ，タバコなどの単作が広く行われた結果，害虫や有害生物，そして土壌侵食の被害を受けるようになったということである．それに対し，カーヴァイル・アールはある論文で，南部の小さな農場経営者たちが果たした生態学的役割を擁護する形で応答している[3-30] (Earle 1988)．この地域について書かれている諸文献を概観するものとして，オーティス・グラハムの著作[3-31] (Graham 2000)，そしてポール・S. サッターとクリストファー・J. マンジェニロによる生き生きとした論文集[3-32] (Sutter and Manganiello eds. 2009) がある．

　保護運動や環境主義の歴史における重要人物の伝記もアメリカ環境史の一つの構成要素である．初期の人物ではジョージ・パーキンス・マーシュやジョン・ミューアが注目された．マーシュの伝記作家はデイヴィッド・ローウェンサール[3-33] (Lowenthal 2000 これは Lowenthal 1958 の改訂版) である．その一方でミューアは光栄にも何人もの伝記作家によって手がけられており，スティーヴン・R. フォックス，マイケル・P. コーエン，トゥールマン・ウィルキンスやドナルド・ウースターはその一部である[3-34] (Fox 1981; Cohen 1984; Wilkins 1995; Worster 2008)．スティーヴン・J. ホルムズは，『若きジョン・ミューア』[3

火山であるレーニア山．4,392 メートル(14,410 フィート)．この山は 1899 年に指定されたマウント・レーニア国立公園(アメリカ合衆国，ワシントン州)の中心峰である．筆者撮影(1970 年)

-35] (Holmes 1999)で，ミューアの育った環境が彼の知的発達に与えた影響について研究した．自然主義者であり探検家でもあった開墾の主唱者ジョン・ウェズリー・パウエルについてドナルド・ウースターが書いた伝記は，比類のない著作である[3-36] (Worster 2001)．

進歩主義的保全運動の主導者についても伝記的研究がある．ギフォード・ピンショーについては，ハロルド・T. ピンケットそしてチャー・ミラーが書いたものがある[3-37] (Pinkett 1970; Miller 2001)．また，セオドア・ルーズベルトの保全にかかわる側面についてはポール・カットライトやダグラス・ブリンクリー，フランクリン・D. ルーズベルトについては，A. L. リーシュ＝オーウェンがそれぞれ書いており[3-38] (Cutright 1985; Brinkley 2009; Reisch-Owen 1983)，フランクリン・D. ルーズベルトについての共編としては，デイヴィッド・B. ウールナーとヘンリー・L. ヘンダーソンのものがある[3-39] (Woolner and Henderson eds. 2009)．生態学の幕開けにまつわる代表的な著作として，スーザン・L. フレーダーによるアルド・レオポルドについての優れた研究『俯瞰的に山のように考えてみよう』[3-40] (Flader 1994)，そしてリンダ・リアのレイチェル・カーソンについて書かれた最も信頼できる伝記がある[3-41] (Lear 1997)．

環境，特に公有地に対して責任を有する政府機関の歴史として，米国農務省林野部の歴史が H. K. (ピート・)スティーンやサミュエル・P. ヘイズの解釈によ

って書かれているほか，批判的な評論としてポール・W. ハートの『陰謀は楽観主義にあった』がある[3-42](Steen 2004; Hays 2009; Hirt 1996). 国立公園局については，アルフレッド・ラントとリチャード・W. セラーズが相対立する見方をしている[3-43](Runte 1979; Sellars 1997). ラントは，各公園の設立目的は保全よりむしろ国家威信にあったという見方をし，セラーズは政策が科学的な調査よりも娯楽目的の観光事業に重点を置いたのだと主張した．個々の国立公園についての歴史も書かれ続けている．この主題領域では，環境史家の興味が，最近盛んになりつつあるパブリックヒストリーの関心と一致することが多い．パブリックヒストリーは学術的知識を超えた歴史に関する知識の有用性を強調しており，これには環境史の実践的な応用も含まれる．1980年に設立されたパブリックヒストリー評議会(National Council on Public History: NCPH)は，カナダと他の英語圏の国々，そしてアメリカ合衆国で運営されており，NCPHとASEHは学会を共催している[3-44](2004年にNCPHとASEHがカナダのヴィクトリアで開催した学会には700人以上の参加者があった).

戦後期の環境意識の目覚めと行動主義の幕開けの時代に，連邦政府は土地管理を超えた法律を制定し始めた．大気，水そして土壌の汚染に対する規制，絶滅危惧種の保護，さらには屋外広告の制限を含む視覚的な文化的景観の保護などの環境分野に広く進出し，法制化を図るようになった．環境法はまもなく法務教育の授業科目と認知された．最近まで環境法の研究は，環境史家以上に法を専門とする学者の注目を集めていた[3-45](Lazarus 2004 参照).

環境を扱っている非政府機関は想像を絶するほどの数に上っており，そのこと自体が環境運動の弱さの一因かもしれない．中でも最古にして最大で，最も影響力の大きい非政府組織は(分裂しがちな傾向にあるとはいえ)シエラ・クラブであり，同団体については複数の歴史が書かれている．マイケル・コーエンの著作は友好的だがごまかしがない[3-46](Cohen 1988). シエラ・クラブはグランド・キャニオン内でのダム建設に対する反対運動で明らかに成功を収めたが，その政治的に複雑なストーリーについて，バイロン・E. ピアソンが『それでも原生自然の川は流れ続ける』[3-47](Pearson 2002)を書くにあたって巧みに探求した．

都市の環境史は，ますます都市化が進むこの国において中心的な主題である．

空から見たラスヴェガス郊外．アメリカ合衆国，ネバダ州．急速な郊外の広がりは都市環境史の顕著な側面である．筆者撮影（2000年）

マルティン・V. メロシは，この分野に抜け目のない作家で，彼の著書で最も注目される文献を三つ挙げておく[3-48]（Melosi 2005, repr. of 1981; Melosi 2008; Melosi 2001）．『都会のゴミ』は廃棄物管理についてであり，『衛生的な街』では社会基盤施設・設備（インフラストラクチャー）が取り上げられ，『廃液のアメリカ』ではエネルギーとエネルギー関連開発が題材となっている．ジョエル・タールも都市環境研究の先駆者で，『究極の流し（吸収源）を求めて』[3-49]（Tarr 1996）は傑作である．最も注目すべき都市環境史は，都市につながる地域全体を対象とするもので，シカゴについて書いたウィリアム・クロノンの『自然の大都市』[3-50]（Cronon 1992b）である．個々の都市における環境問題の歴史は無数にあるが，中でも三つの珠玉の作品がある[3-51]（Davis 1998; Kelman 2003; Klingle 2009）．ロサンゼルスについては，マイク・デイヴィスの『恐怖の生態学』，ニューオーリンズについては，アリ・ケルマンが政治と社会基盤を扱った『川とその街』，そしてシアトルについては，マシュー・クリングルの『エメラルドシティ』[3]である．

　環境正義が都市環境史と関連性を持つのは，少数民族や貧困層が，都会に集中する傾向があるからである．しかし残念ながら環境不正義は農村部でも多く見られる．汚染物質を排出する施設やその他の危険な施設の立地問題で，そのような決定に抵抗できるだけの財政的あるいは政治的な資源を持たない人々の

近くに施設が建設されることに懸念を抱く環境史家もいる．マルティン・V. メロシは，環境史のこのような側面を「平等，環境的人種差別主義そして環境正義運動」[3-52] (Melosi 2000) の中で整理した．同じ主題を扱う論文集として，ロバート・D. バラードが編纂した『平等ではない保護』[3-53] (Bullard ed. 1994) はすばらしい．

環境との関係性における女性の歴史的な役割は，環境史の誕生期からこの分野の文献における重要な主題である．環境運動の指導者としての女性やエコフェミニストの哲学の歴史の研究，そして環境の概念化における女性的な象徴としての「母なる地球」(マザー・アース) や「ガイア」(最古の大地の女神) の分析などがある．そこで探求される考え方の一つに，女性は男性よりも自然に近く，男性は自然の支配を追求してきたのと同様に女性を支配しようとしてきたという理解がある．これらの研究方法はすべて，キャロリン・マーチャントの『地球の世話——女性と環境』[3-54] (Merchant 1995 および Merchant 1980 参照) において検討されている．スーザン・R. シュレーファーの『自然の祭壇』[3-55] (Schrepfer 2005) は，特に山を大切にする審美眼，そして現実を超えた崇高の美学の観点において，社会的・文化的性差 (ジェンダー) と環境主義を結びつけている．ジェニファー・プライスは，20世紀初頭に鳥の羽根を差した帽子に女性が反対した事例を取り上げたほか，ジェンダーにも関連する様々な環境に対する態度について皮肉たっぷりにコメントしている [3-55] (Price 2000)．エリザベス・D. ブルムが書いた研究史的論文には「アメリカの女性史と環境史をつなげる——暫定的な研究史」[3-56] (Blum 2005) がある．ナンシー・C. アンガーの偉大な著作『自然の家政婦たちを超えて』[3-57] (Unger 2012) は 2012 年に公刊された．

環境史の協働者たち

環境史と結びつけられるいくつかの歴史学の下位区分は，もっと以前にそれぞれ別の原点から出発しており，環境史との類似性が認識されるようになったのはこの数十年のことである．このような分野に，技術史，農業史，森林史などがある．環境史の立場からすると，これらの分野は環境史の探求の一部分と

見なしうる．というのも，それらはいずれも人間と環境との相互関係を研究するからである．今日では，技術史家と環境史家が一堂に会して互いの学会で分科会を開くようになった．農業史は，依然として自律的な独自性を主張しているが，それでもどちらの専門家も，書いた論文を相手の学会で報告したり，相手の学会誌で発表したりすることがある．森林史と環境史は最も近い関係にある．両分野の各学会はアメリカ合衆国では会員や運営が重なり合う部分があり，今や共通の学術雑誌[3-58]（*Environmental History* ノースカロライナ州のダーラムで印刷されている）を公刊している．

技術は環境史では欠くことのできない側面である．というのも，人類が自然環境に与えてきた主な影響は技術の成果だからである．実に，世界中のいたるところでヒトという種が果たしてきた生態系の積極的な攪乱者としての役割は，最も広い意味で技術によって実現されてきた．この2世紀の間，環境の変化をますます広範にかつ加速化してきたのは，強力な技術の進展であった．技術と環境が重なり合う領域に関する歴史叙述の包括的な案内書としてジェフリー・スタインとジョエル・タールの『歴史の交差点で』[3-59] (Stine and Tarr 1998) が挙げられる．技術の環境的側面を探求する技術史にはキャロル・パーセルの『機械，アメリカにおいて』[3-60] (Pursell 1995) がある．技術と都市環境の相互作用の考察は多数の研究においてなされているが，特に注目すべきはマルティン・V．メロシによる研究である[3-61] (Melosi 2005; Melosi 1985)．水資源工学と鉱業の歴史は関連する下位区分である．

技術の発展とその社会や文化との関係性の研究をさらに進める目的で，技術史学会 (The Society for the History of Technology: SHOT) が設立されたのは1958年のことである．これまでの技術史の多くが，汚染のように明白な影響を含め，環境影響を考慮してこなかった．しかし，技術を研究する多くの歴史家たちが，これを不幸な方法論的な欠陥と認識し始め，一部の環境史家と共通の関心を有していることに気づいたのである．SHOTの会員は，エンバイロテック (Envirotech) [3-62] (www.udel.edu/History/gpetrick/envirotech を参照) と呼ばれるグループを結成し，SHOTの会合でもASEHの会合でも分科会を設け，2001年にはインターネットベースの会報を発刊した．ドリー・ヨルゲンセン，フィン・アーン・ヨルゲンセンそしてサラ・B．プリチャードが編纂した『新しい自然の

ジャワで田を耕す．インドネシア，ボロブドゥールの近く．農業史は環境史と関係性の近い分野である．筆者撮影（1994年）

諸相』[3-63] (D. Jørgensen, F. A. Jørgensen, and Pritchard eds. 2013) は，環境史と技術研究を接合させた素晴らしい研究である．

　農業史は，最初から環境史の重心に近い位置を占めてきた．というのも人間は農業を1万年以上も実践してきたし，その期間の後半においては，人間が自然から得てきた食糧をはるかに超える量を農業が供給してきたからである．今や，狩猟は世界が必要としているタンパク質のほんのわずかな部分を供給するにすぎず，獲る漁業は部分的に育てる漁業に取って代わられようとしている．
　農業史が世界においても北アメリカ大陸においても環境史の形成に刺激を与えてきたという点は，アルフレッド・W. クロスビーが指摘した通りである[3-64] (Crosby 1995)．ピエール・ポワーヴル，アレクサンダー・フォン・フンボルト，ジョージ・パーキンス・マーシュ，そしてジェイムズ・C. マーリンなどは，環境変化を農業による侵略の帰結として観察してきた[3-65] (Worster 1993)．その糸を手繰るようにこの状況を概観する論文をマート・A. スチュアートが提供している[3-66] (Stewart 2005)．環境史系の学術雑誌の多くの論文が農業史を主題にしている．
　農業史学会は1919年に創設された．その学術雑誌である『農業史』 Agricultural History は1926年から公刊されており，環境史を主題にする論文も多く掲載されてきた．この学会が謳っている目的は農村社会の研究推進やその出

版を促進することである．これは社会史研究への集中を示唆するが，この学術雑誌の目次を読めば経済史に同様の力点を置いていることがわかる．農業史家の間で持続可能な農業への関心が次第に高まっており，一部の研究者は持続可能な農業を「農業生態学」(agroecology)という用語，あるいは生態系に配慮した農業の概念や農法と結びつけている．

　「まさに人が自分の歴史，伝記を持つように，森林にもそれ自体の歴史があり，それは解きほぐし記録されうるものである」[3-67](Williams 2003: 5). 歴史的価値のある世界の森林史『森林が劣化する地球』の中でこのように語ったのはマイケル・ウィリアムズである．森林史の試みは，ヨーロッパ，アメリカ合衆国，そして特にインドにおいて環境史よりも歴史がある．森林史に関心を持ったのは，林業の事業主，森林管理者や林務官たちで，彼らは森林資源を利用し，林産品を製造する自分たちの活動が記録されるに値すると考えたのである．アメリカ合衆国では例えば，森林史学会(FHS)はミネソタ歴史学会の中に1946年に設立された森林生産史学会(Forest Products History Association)に淵源を有する．FHSは1959年に独立し，その後母体はイエール大学，そしてカリフォルニア大学サンタクルーズ校に移され，1984年から現在のノースカロライナ州ダーラム市にあるデューク大学に置かれている[3-68](Steen 1996). FHSは，学術雑誌と精力的な出版プログラムとともに，世界で最も充実した森林史と保全史，そして環境史に特化した図書館とアーカイブを有している．それにはデータベースやオーラルヒストリー，つまり聴き取りも含まれる．1996年にはFHSはASEHと提携し，学術雑誌『環境史』を共同出版することになった．森林史に関する文献はアメリカ合衆国では特に膨大にある．森林史を概観したい場合は，先に紹介した著作に加えて，マイケル・ウィリアムズの『アメリカ人と彼らの森』，そしてトーマス・R.コックス，ロバート・S.マックスウェル，フィリップ・D.トーマスの編纂による『このいい材木の採れる鬱蒼とした土地』[3-69](Williams 1992; Cox, Maxwell, and Thomas eds. 1985)を参照すると良い．

　20世紀最後の四半期において環境史の地位を歴史学の下位区分にまで引き上げるにあたり，アメリカの環境史家が果たした重要な役割は否定できない．しかし，それは何人かの実践家によって強調されすぎてきたかもしれない．リチャード・グローヴは，南アジアやアフリカにおけるヨーロッパ帝国主義の研

究を行ってきた英国の学者であるが，アメリカの環境史家は視野が狭い傾向にあると巧みに批判している．グローヴによると，アメリカの環境史家の分析はアメリカの史料を根拠とすることがほとんどで，大西洋やリオグランデ川の向こうに目をやることがほとんどなく，カナダの国境線を越えることさえもない．環境史家を支配する多くの問いはすでに19世紀から20世紀初頭にかけてヨーロッパの歴史地理学者が取り上げており，アメリカにおける展開と同様の動きは世界の他の場所でも見られたというグローヴの指摘は正しい．彼はアメリカの環境史の学者たちを排除しているわけではないが，その中で最も重要な学者の多くが地理学者であったと指摘する．例えば，エルスワース・ハンチントン，エレン・チャーチル・センプル，カール・オートウィン・ザウアーやクラレンス・グラッケンなどである．最後に挙げたグラッケンは知の歴史家で，「環境史」という用語が現代の意味で使われるようになった1960年代よりはるか以前に，この主題で執筆していた．専門分野の下位区分として確立された初期の時代，アメリカ合衆国の環境史家たちは「夜明けの星」としてしばしばジョージ・パーキンス・マーシュを思い起こしていた．しかし，彼らはマーシュの著作『人と自然』がローマ帝国から出発し，アメリカ合衆国を扱うのと同様にヨーロッパや地中海も扱っていたこと，彼が30年間もイタリアに住んでいたこと，そして人間が環境変化を引き起こしたという彼の理解はプロイセンのアレクサンダー・フンボルトや英国の経済学者であるジョン・スチュアート・ミル，大英帝国の科学者であるヒュー・クレッグホーンやジョン・クランビー・ブラウンも主張していたことは忘れがちであった[3-70] (Grove 2001)．21世紀に入り，アメリカを代表する環境史家の孤立主義は，完全に消滅しなくとも弱められた．アメリカの学者の多くはいまや，地球規模あるいはアメリカ以外を対象とする研究をしており，アメリカを専門とする学者も比較研究の主題を認識するようになった．マーカス・ホールによる，イタリアとアメリカ合衆国の環境再生の比較研究は面白い[3-71] (Hall 2005)．ヨーロッパにおける学会の設立や世界各地での会議の開催は，アメリカの環境史家たちの参加を引きつけ，彼らはアメリカ以外の各地の研究の同志と対話が持てるようになった．

1) これは訳者によるconservationの訳であるが，この用語を保全，protectionを保護として

区別することが訳語としては正当であろう．しかし，自然保護地区を生み出していくアメリカ合衆国特有の wilderness（原生自然・野生・荒野）に関する理解との関係もあり，また，日本語の語感もあり，文脈に合わせて，必要な場合は，随時言葉を補足して訳出している．
2) public history の訳であるが，アメリカ合衆国を発祥とする歴史学の新たな潮流である．世界にその英語名で波及し，博物館，文書館，新たなメディアも巻き込み，研究者のみの歴史学から一歩抜け出した独特の歴史教育・学習課程を提供している．アメリカ合衆国には National Council on Public History（http://ncph.org/what-is-public-history/about-the-field/）という統括団体があり，日本では大阪大学西洋史学会が紀要を公刊している．2018 年 4 月にはドイツでも入門書が出版されている（Martin Lücke/Irmgard Zündorf, Einführung in die Public History, UTB GmbH, 2018）．あらゆる垣根を越えて歴史を公共のものとして共有すること，いかに描きそして特にいかに説明され公開されるかが問われている．本書 47 頁参照．
3) 『オズの魔法使い』のエメラルドシティが念頭にあるようである．

第4章

その土地，地域，そして国家の環境史群

はじめに

　アメリカ合衆国の外の地域や国家，あるいはその土地の環境史の文献は膨大な量になりつつある[4-1](Hughes 1998)．これらの研究が基盤となって，将来，正確な世界の環境史を形成することになる．グローバルな(世界規模の)ものはローカル(その土地)にしっかりと根ざすものでなければならない．このような作業の一部は，自分の住むその土地，国家及び地域について研究する学者によってなされている．国際的にも，自分の土地・国土の環境史を研究する同士が次第に増えている．環境史に関心のある世界中の様々な団体や研究所が会合を開き，学際的(interdisciplinarily)に，または超学際的(transdisciplinarily)に協働するための構造的な枠組みを提供すべく，「環境史の諸団体の国際協会」(The International Consortium of Environmental History Organizations: ICEHO)が生まれ，2009年に最初の学会をコペンハーゲンとマルメで開催した．これによって地球の各地から集まった環境史家たちが出会い，学術交流をする機会が与えられた．第2回 ICEHO 会合は2014年にポルトガルのギマランイスで招集された[1]．

　多くの場合，研究者は自分にゆかりのある地域以外の地域を研究対象とする．このことは，北アメリカ，オーストラリア，そしてヨーロッパの研究者について特に言えることで，例えばオランダの環境史家はインドネシア研究で重要な貢献をしている．それは，以前の植民地関係に由来する個人的な繋がりや資料によって可能となっている[4-2](論文や文献目録については *Indonesian Environmental History Newsletter*, 12, June 1999 を参照．このニュースレターは，EDEN(Ecology, Demography and Economy in Nusantara)，KITLV(Koninklijk Institut voor Taal-, Land- en Volkenkunde, Royal Institute of Linguistics and Anthropology)，PO Box 9515, 2300 RA Leiden, Netherlands で公刊されている)．自分の故郷と海外の両方を扱っ

た学者にティム・フラナリーがいるが，ハーバード大学で客員教授としてオーストラリア史を教えたオーストラリア人の研究者である．『未来を食べる人たち』[4-3]（Flannery 1994）でオーストラレーシア（南太平洋地域）の環境史を書く一方で，『永遠の辺境——北アメリカとその諸民族の生態史』[4-4]（Flannery 2001）も書いた．

一つの地域を扱った作品に『この裂かれた土地——インドの生態史』[4-5]（Gadgil and Guha 1992b）がある．これは世界の環境を扱う著作家が真剣に受け止めるべき傑作である．著者のマダヴ・ガジルとラーマチャンドラ・グハは南アジア亜大陸の研究を，先史から工業化時代にわたる世界環境史の哲学（知の地平）の枠組みにおいて行った．

最初にアメリカ環境史学会の公式の大会が開かれたのはカリフォルニア大学アーヴァイン校で，1982年1月のことであった．そこでドナルド・ウースターは，「国境なき世界——国際化する環境史」[4-6]（Worster 1982）と題した祝宴講演を行った．その中で彼は，「俗語」的でローカルなものから専門的でグローバルなものへの現代文化の移行によって歴史家が立たされている苦境を考慮するための道筋を示した．「脱民族主義的統合」を呼びかけたのである．

その講演後の数年間，環境史家たちはその言葉を心に留め続けた．ウースターが講演した頃にもすでに多くの学者が国際的な方向に進んでいた．しかし，歴史学の下位区分としての環境史は，依然として形成期同様アメリカ合衆国の主題を研究の中心に据えていた．1982年の学会の予稿集には26の論文が掲載されたが，その内の10論文は世界，あるいはアメリカ合衆国以外の主題を扱い，その内4人の著者がアメリカ出身ではなかった[4-7]（Bailes ed. 1985 ウースターの論文を加えるとそれぞれ27本，11本となる）．1984年には『環境評論』で国際特集が組まれ，5大陸を代表する5本の論文が掲載された[4-8]（*Environmental Review* 8-3, 1984）．超国家的な環境史に紙幅を割いている他の定期刊行物には，『環境と歴史』*Environment and History*，『資本主義，自然，社会主義』*Capitalism, Nature, Socialism*，『政治の生態学』*Écologie Politique*，『世界史』*Journal of World History*，『太平洋歴史評論』*Pacific Historical Review*，『グローバル環境』*Global Environment* がある．この専門家集団自体は世界中ほとんどの地域に広がった．アメリカ合衆国以外で環境史家が組織を結成した国

第 4 章　その土地，地域，そして国家の環境史群

としてウースターが挙げたのはフランスと英国だけであった．今日，同じように語るなら，ヨーロッパ環境史学会に参加する国々，ラテンアメリカで拡大しつつある環境史家集団，南アジア，東アジア，南アフリカ，オーストラリア，ニュージーランド，その他にも触れなければならないだろう．

カナダ

　カナダ人の環境史の分野での学識を考えるとき，南の隣国であるアメリカ合衆国との区別をしなければならない．確かに北アメリカ大陸の二つの国の環境史家の間にはあり余る交流があるし，お互いにそれぞれの学会に顔を出している．また，この本を執筆している時点まででも，アメリカ環境史学会は 2 回カナダで開かれている．ヴィクトリアとトロントである．しかし，カナダの人々はアメリカ人とは異なる視点を多くの環境問題について有しており，それは少なからず，大英帝国と英連邦との繋がりやフランス語圏であるケベックの存在によるものである．英国人ピーター・コーツはカナダとアメリカ合衆国の違いを議論している [4-9] (Coates 2004a 特に「ネズミ (ビーバー？) そしてゾウ——カナダと北アメリカの環境史」同書：421-3)．ブリティッシュコロンビア大学のグレーム・ウィンとマシュー・イヴァンデンはカナダの環境史の時事的分析を行った [4-10] (Wynn and Evenden 2006)．ウィンは，『ブリティッシュコロンビア研究』の特別論集「環境について」に客員編集者として携わり，『カナダと北アメリカの北極圏』[4-11] (Wynn ed. 2004; Wynn 2007) も書いている．アラン・マクイーチャンとウィリアム・J. ターケル編纂の『カナダの環境史における方法と意味』[4-12] (MacEachern and Turkel eds. 2009) は推薦に値する．ローラ・セフトン・マクドウェルの『あるカナダの環境史』[4-13] (MacDowell 2012) は 2012 年に刊行された概観である．

　2007 年には，学者のグループが「カナダ史と環境のネットワーク」(Network in Canadian History and Environment / Nouvelle initiative canadienne en histoire de l'environnement: NiCHE) の名の下に集まった．これはすばらしいウェブサイト niche-canada.org を有する活動的な集団で，月に 1 回配信されるカナダ環境史研究についてのポッドキャストの資金提供をしている．

「アメリカインディアン」は，カナダでは「ファースト・ネーションズ」と呼ばれるが，そのアメリカ先住民と，疫病を含むヨーロッパ人との接触や植民地主義の影響をめぐる環境史の代表作を，セオドア・ビネマ，ダグラス・ハリス，アーサー・J. レイ，ジョディ・F. デッカー，メアリー＝エレン・ケルム，ハンス・カールソンほかが書いている[4-14] (Binnema 2001; Harris 2001; Ray 1976; Decker 1996; Kelm 1999; Kelm 2008; Carlson 2009).

他の中心的なテーマの一つは開拓とそれに付随する資源開発や環境変化である．それにはニール・フォーキー，マシュー・ハトヴァニーそしてクリント・エヴァンスによる地域研究[4-15] (Forkey 2003; Hatvany 2004; Evans 2002) や，チャード・ラヤラ，ジャン・マノールそしてマシュー・エヴァンデンによる開発と社会闘争の関連性の分析が含まれる[4-16] (Rajala 1998; Manore 1999; Evenden 2004).

アメリカ合衆国同様，カナダの環境史でも原生自然と野生生物は中心的なテーマであり，その例としてティナ・ルーとジョン・サンドロスの叙述がある．カークパトリック・ドーシィは野生動物について二国間で交わされた協定を研究している[4-17] (Loo 2001a; Sandlos 2001; Dorsey 1998). 環境と関わりのある科学史，特に生態学の歴史は，スザンヌ・ゼラーとスティーヴン・ボッキングが研究している．また，ステファン・カストンゲイは，重要な経済昆虫学の歴史を書いており[4-18] (Zeller 1987; Bocking 1997; Castonguay 2004), フランス語で執筆されている点が特にすばらしい．ケベック州のフランス語を話す環境史家は，この主題について学会を幾度か開いており，文献も増えている．それらの中で挙げておくべき論文はミシェル・ダジェネによるもので，モントリオール郊外における余暇と小屋での生活について書いている[4-19] (Dagenais 2005).

カナダの都市環境史を主題とした研究は幾つかある．2005 年には，スティーヴン・ボッキングが『都市史評論』の特別号「諸都市の自然」を客員編集者として編集し[4-20] (Bocking ed. 2005), 多様な問題と研究方法を扱っている．ケン・クルークシャンクとナンシー・ブーシエは工業による荒廃を沿岸地区における環境不正義の現れとして調査した[4-21] (Cruikshank and Bouchier 2004). ステファン・カストンゲイとミシェル・ダジェネは，モントリオール環境史の論文集を編纂した[4-22] (Castonguay and Dagenais eds. 2011).

社会的・文化的性差(ジェンダー)と自然を相互に関係する問題とする社会構造については，カトリオーナ・モーティマー＝サンディランドとティナ・ルーが扱っている．ルーは，大きな獲物の狩猟に関する社会的・文化的性差の観点を研究した[4-23] (Mortimer-Sandilands 2004; Loo 2001b)．狩猟のように，特定の役割が片方の性にのみ与えられることがしばしばあるが，最近の研究はそのような主張に反証している．

　カナダにおける研究はもちろんカナダ史だけに限られてきた訳ではない．例えば，リチャード・チャールズ・ホフマン[4-24] (Hoffmann 1997; Hoffmann 1989)は代表的なヨーロッパの中世環境史家である．

ヨーロッパ

　北アメリカ大陸以外の主な地域の環境史の文献を概観しようとするならば，ヨーロッパから始めるのが良いだろう．ヨーロッパの著作家たちは，北アメリカの仲間よりも早くからこの主題を扱っていたとしても，環境史家が母体を組織したのは遅かった．雑誌『環境と歴史』は1995年に英国で創刊され，リチャード・グローヴを初代編集長として迎えた．ヨーロッパの雑誌とはいえ，決してヨーロッパだけが取り扱われている訳ではない．第1号に掲載された論文には中国，アフリカ，そして東南アジアを題材にしたものも含まれていた．ヨーロッパ環境史学会(The European Society for Environmental History: ESEH)は1999年に設立され，最初の学会は2001年にスコットランドのセント・アンドリュースで開催された．それ以来，2年ごとに開催されている．また，ESEHは地方分科会を有しており，ロシアを含むヨーロッパ各地の環境史家を結んでいる．オランダ，スティーヴォールトのエルンスト＝エーベルハルト・マンスキーはヨーロッパ環境史に関する多言語の書誌データベースを立ち上げ，この努力はESEHの後ろ盾によって続けられている．

　ヨーロッパ環境史の研究は，ヴェレーナ・ヴィニヴァルターの編纂による『ヨーロッパにおける環境史――1994年～2004年』[4-25] (Winiwarter et al. eds. 2004)で紹介されている．12人の著者による事例研究が掲載され，その中で主要国での研究が強調されている．それ以前のものとしては2000年に刊行され

たマーク・チョク，ビョルン＝オーラ・リネアとマット・オスボーンによるものがあり，ヨーロッパ北部の環境史の著作を集中的に扱っている[4-26] (Cioc, Linnér, and Osborn 2000)．また，マイケル・ベス，マーク・チョク，そしてジェイムズ・シーバートによる共著論文は，南ヨーロッパを対象としている[4-27] (Bess, Cioc, and Sievert 2000)．

ヨーロッパ環境史の射程を感じるには，2003年にチェコ，プラハで開催されたESEHの第2回大会の予稿集『多様性を扱う』や，2005年イタリア，フィレンツェで開催された第3回大会の予稿集『歴史と持続性』[4-28] (Jelecek, Chromy, Janu, Miskovsky, and Uhlirova eds. 2003: Agnoletti, Armiero, Barca, and Corona eds. 2005) が良い．合わせて140以上の論文の要約版が掲載されており，ほとんどがヨーロッパ人の著者によるものである．これらの予稿集から受ける印象の一つとして，ヨーロッパの環境史家の方が，北アメリカの学者仲間たちよりも，諸科学に基づく研究方法を用いる傾向にあるということが挙げられる．もっと時代を遡って編纂されたヨーロッパ環境史の論文集として，ピーター・ブリンブルコム（英国）とクリスチャン・ピスター（スイス）による『静かな秒読み』[4-29] (Brimblecombe and Pfister eds. 1990) がある．フィンランド人のティモ・ミリンタスとミッコ・サイックは『自然における過去との出会い』[4-30] (Myllyntaus and Saikku eds. 2001) という論文集を出版した．

マット・オスボーンの『英国の環境史の畑に種を蒔く』[4-31] (Osborn 2001) は，英国の環境史に関する著作を概観する．英国には景観の変化を人間の行為の結果として叙述する確立された伝統がある．英国の歴史地理学者が実施してきた研究は環境史の定義に収まるが，W. G. ホスキンズの『英国における文化的景観の創造』[4-32] (Hoskins 1955) の研究などは環境史が研究分野として認識される以前のものであった．1973年にはH. C. ダービーが『英国の新しい歴史地理学者』[4-33] (Darby 1976) と題された影響の大きい著作を著した．地理学者のI. G. シモンズ[4-34] (Simmons 2001) は，環境史家としても非常に活動的で，英国や世界の他，環境史の理論についても書いている．キース・トマスは，英国人の近世の環境への態度及び哲学を分析しているが[4-35] (Thomas 1983)，この時代の研究は最も行われるべきである．最近の研究として，他にジョン・シエールの『21世紀英国の環境史』[4-36] (Sheail 2002) が挙げられる．オリバ

第 4 章 その土地，地域，そして国家の環境史群

ー・ラッカムの著作では景観史が生きており，彼は図を豊富に用いた複数の著作の中で，生態科学の原則に細心の注意を払いながら英国の田舎の歴史を説明した[4-37] (Rackham 2003; Rackham 2001; Rackham 1993)．B. W. クラップの『産業革命以降の英国の環境史』[4-38] (Clapp 1994) や『大きな煙』[4-39] (Brimblecombe 1987) におけるピーター・ブリンブルコムの熱心な研究は，産業の急成長による汚染とそれに対抗する様々な試みを追跡している．ブリンブルコムは大気汚染を扱っているが，デール・H. ポーターは『テムズ川の土手』[4-40] (Porter 1998) で，ロンドンの水質汚濁，下水，汚臭そしてテムズ川の運河化を取り上げた．

スコットランドは環境史家たちを育てる特に豊かな土壌を用意してきた．彼らの中でとりわけ注目すべき歴史家は T. C. スマウトである．スマウトは，英国北部の地域に関していくつかの著作を書き編集しているが，特に『自然が競われる』と『スコットランドの人々と樹林・森林』を挙げておこう[4-41] (Smout 2000; Smout 2003; Smout ed. 1993; Smout and Lambert eds. 1999)．フィオナ・ワトソンが書いたスコットランドの歴史に関する研究は，彼女の環境史への洞察によって啓発されており，例えば『スコットランド——先史時代から現在へ』[4-42] (Watson 2003) などがそうである．スマウトとワトソンがアラン・R. マクドナルドと組んで書いたのが『スコットランドの在来森林地帯の歴史——1520 年から 1920 年』[4-43] (Smout, MacDonald, and Watson 2005) である．スマウトとメイリー・スチュワートは，スコットランドの一部の地域研究を『フォース湾』[4-44] (Smout and Stewart 2013) で行っている．スマウトはスコットランドのセント・アンドリュース大学に環境史研究所の設立を呼びかけた主導者の一人であった．

2009 年にアイルランド環境史ネットワーク (The Irish Environmental History Network: IEHN) がダブリンのトリニティ・カレッジで立ち上げられ，様々な専門領域の会員のために研究会を開いている．ポール・ホームは「新たな人間の条件観測所」を同じくトリニティ・カレッジで開始した[4-45] (Ludlow, Adelman, and Holm 2013)．

フランスには環境史の伝統が存在する．ピエール・ボワーヴ，後にはリュシアン・フェーヴル，フェルナン・ブローデル，エマニュエル・ル=ロワ=

ラデュリやその他の偉大な著作家がアナール学派から輩出された国である．1993 年には著名な歴史学雑誌『アナール』自体が自然と環境の特別号[4-46] (*Annales: Economies, Sociétés, Civilisations*, 29-3, 1993) を公刊した．フランスの科学史家は生態学の歴史の研究をしてきたが，その中でも有名な学者としてパスカル・アコットや J. M. ドロワン[4-47] (Acot 1988; Drouin 1991) が挙げられる．アコットは，気候と環境哲学の歴史について広範囲にわたって書いている．ノエル・プラックは，『共有地，ワイン，そしてフランス革命』[4-48] (Plack 2009) を出版している．2015 年にヨーロッパ環境史学会の会合はヴェルサイユで開催された．

1974 年にフランソワ・ドボンが『男女同権あるいは死！』[4-49] (d'Eaubonne 1974) の中で初めて使い世界に送り出した「エコフェミニズム」(環境男女同権論) は，世界中から反響を得た．国家と公共の歴史については，ヨゼフ・スザルカとエミール・レイノーの著作がある[4-50] (Szarka 2002; Leynaud 1985)．林業の研究が最初に行われた国にふさわしく，森林史に関する文献は広範囲に及ぶ．著作家を挙げるとすれば，アンドレ・コボルやルイ・バドルであろう[4-51] (Corvol 1987; Badré 1983)．現代のフランスの環境については，R. ネボア＝ギロと L. ダヴィーの『フランス人と彼らの環境』[4-52] (Neboit-Guilhot and Davy 1996)，マイケル・ベスの『薄緑の社会』[4-53] (Bess 2004) がある．クリストフ・バーナルト，ジュネヴィエヴ・マサール＝ギルボー，そして他の学者たちは，学会を組織し，都市環境史の予稿集を刊行している[4-54] (Bernhardt and Massard-Guilbaud eds. 2002; Schott, Luckin, and Massard-Guilbaud eds. 2005)．

ヨーロッパのドイツ語圏にはドイツ，オーストリア，スイスが含まれるが，最近の 20 年から 30 年にかけて，環境史はこれらの全ての地域において飛躍的に進展している．ウィーンのヴェレーナ・ヴィニヴァルターが『環境史入門』を書いており[4-55] (Winiwarter 2005)，本書が英語で行おうとしていることをドイツ語で成し遂げている．また，彼女はオーストリアのアルペン・アドリア大学〔クラーゲンフルト大学〕に環境史センター (ZUG) を組織するために活動した．クリスチャン・ピスター (ベルン) は，西ヨーロッパの気候の再構築をさらに進展させている[4-56] (Pfister 1999)．現代の著者の中で注目すべきはヨアヒム・ラートカウで，主要な著作は『自然と権力』と『生態学の時代』である[4-57]

(Radkau 2008; Radkau 2014). 彼は，技術，経済，そして政治について幅広く書いており，フランク・ユケッターと共にナチ期における環境主義の役割をめぐる問いについて執筆している[4-58](Radkau and uekötter 2003). アンナ・ブラムウェル[4-59](Bramwell 1985)を含む何人かの著者は，保全をファシズムと関連づけている．ナチ体制は，自然を国民主義と結びつけたプロパガンダとして利用したが，マーク・チョクが指摘したように，「実際は……ナチは自然保護ではなく，経済復興と軍事的拡張の加速化に情熱を注いだのであり，彼らの12年間にわたるの恐怖の支配[1933年～1945年]が残した遺産は，息を飲むほど深刻な大気汚染と水質汚濁であった」[4-60](Cioc 2004: 586). チョクは，ライン川の環境史について重要な研究を執筆している[4-61](Cioc 2002). 戦後の環境主義については，レイモンド・H・ドミニックが『ドイツの環境運動』[4-62] (Dominick 1992)を書いており，マルクス・クラインとユルゲン・W・ファルターの『緑の党の長い道のり』[4-63](Klein and Falter 2003)をはじめとする「緑の党」(Die Grünen)に関する研究もいくつかある．「緑の運動」は西ヨーロッパの複数の国の政治に影響を及ぼし，最盛期をドイツで迎えた．

2009年にルートヴィヒ・マキシミリアン大学〔ミュンヘン大学〕とドイツ博物館の附属共同機関としてドイツ，ミュンヘンに設立された「環境と社会のためのレイチェル・カーソン・センター」は，環境人文学と社会科学分野における教育と研究のための国際研究所であり，特に環境史に重点を置いている．偉大なアメリカの環境主義者の名前を掲げたこの研究所は，職員や研究員を世界中から迎え，所内の共通言語は英語となっている．同研究所は優れた出版プログラムを有しており，書籍シリーズとしては英語版の『歴史の中の環境』 *The Environment in History* とドイツ語版の『環境と社会』 *Umwelt und Gesellschaft* があり，紙媒体の雑誌『グローバル環境』 *Global Environment* と電子ジャーナル『レイチェル・カーソン・パースペクティヴ』 *Rachel Carson Perspectives* も発行している．ESEH が 2013 年にミュンヘンで開催した学会では活発な議論が交わされた．

オランダとベルギーの環境史家はいくつかの重要な研究を生み出している．例えば，G. P. ファンドゥフェンの著作集『人が作った低地』[4-64](van de Ven 1993)は土地干拓の歴史を扱い，ヘニー・J. ファン・デア・ヴィント[4-65](van der Windt 1995)は，保全運動の歴史を研究している．『生態環境の歴史年報』[4-66](*Jaarboek voor Ecologische Geschiednis*, Ghent/Hilversum: Academia Press and Verloren)はオランダ語で出版されている．低地地方という立地条件や水管理への関心が深い歴史を踏まえ，「ホラントは海に対抗する」[2)]という表現があるように，多くの環境史家がこの地域を扱うときに水関連の歴史に関心を持っていることは驚かない．そのような研究者の一人，ペトラ・J. E. M. ファン・ダムは，近世のラインラントについて書いている[4-67](van Dam 1998). 同じくこの古い時代を扱っている文献には，ウィリアム・ティブレイクの『中世の辺境――ラインラントの文化と生態環境』[4-68](TeBrake 1984)がある．ピート・H. ニーホイスはライン＝ムーズ扇状地の環境史の地域研究を行った[4-69](Nienhuis 2008). ベルギーの環境史の鍵となるのはクリストフ・フェアブルッゲン，エリック・ソーンそしてイザベル・パルマンティエの論文である[4-70](Verbruggen, Thoen, and Parmentier 2013). より大きな地理的な枠組みでは，アンドリュー・ジェミソン，ロン・アイアーマン，そしてジャック・クレーマーがスウェーデン，デンマーク，オランダでの環境運動の比較研究を編纂している[4-71](Jamison, Eyerman, and Cramer 1990).

『バルト海の国々において環境史から学ぶ』[4-72](Eliasson ed. 2004)は，バルト海の地域や環境史そのものに関して教員養成で役立つ．この本はユネスコの支援を受けて，バルト海プロジェクト及びマルメ大学が作成したものである．

北ヨーロッパ(フィンランド，スウェーデン，デンマーク)は環境史の活動舞台の一つである．ティモ・ミリンタスによる「過去を緑のインクで書く」は，フィンランドの研究史論文を英語で著したものである[4-73](Myllyntaus 2003). フィンランド語で「環境史」にあたる用語はympäristöhistoriaで，1970年代に使われるようになった用語だが，ミリンタスはその淵源をさらに前の時代の国民的文化的景観の研究あるいは「本能的な環境意識」に見出している．フィンランドにおける環境研究は，気候，森林，水資源そして文化的景観を対象とするものが中心となっている．海外からの参加者が集う代表的な環境史会議も国内で開催されており，1992年には湖水地方のラミで，2005年にはトゥルクで会合が開催されている．イリジョ・ヘイラとリチャード・レヴィンは，生態，科学，社会について書いており[4-74](Haila and Levins 1992). ユシ・ロモリン

は森林史と鉱業史及び技術，そしてヨーロッパ経済への統合過程の歴史に関していくつかの出版物を発表している[4-75]（例えば Raumolin 1990）．シモ・ラコネンは，ヘルシンキとストックホルムの水の保護，そして戦争と自然資源について研究し[4-76]（Laakkonen 2001; Laakkonen and Thelin eds. 2010; Laakkonen 2007; Laakkonen 2013），さらにバルト海の統治についての共著にも加わっている[4-77]（Aarnio, Kuparinen, Wulff, Johansson, Laakkonen, and Kessler eds. 2007）．

エストニア環境史センター（The Estonian Centre for Environmental History: KAJAK）はタリン大学の歴史学研究所との関連機関である．2012年にウルリケ・プラートが同センターの起源と発展，エストニアの環境史，そして他のバルト海諸国についてもある程度，解説している[4-78]（Plath 2012）．

スウェーデンは環境史の研究者共同体が活気に満ちており，研究拠点が複数ある．ウメオ大学環境史学部，ウプサラ大学環境・開発研究センター，そしてルンド大学人類生態学科である．ウプサラ大学にはグローバル環境史の修士課程がある．中心的な学者の一人であるスヴェルカー・ショーリンは，L. アンダース・サンドバークと共に著作集『持続性――その挑戦』[4-79]（Sandberg and Sörlin eds. 1998）を編纂した．ショーリンはまた，アンデルス・エッカーマンと共に世界環境史を書いている[4-80]（Sörlin and Öckerman 1998）．ソーキルト・キーガールドによる『デンマークの革命1500年～1800年――生態環境史的解釈』[4-81]（Kjærgaard 1994）は近世に関する研究である．

環境史がチェコ共和国で登場するのは1980年代後期であり，プラハのカレル大学の歴史地理学者レオス・エレチェクが与えた刺激の結果，大きく飛躍した．2003年には ESEH の第2回大会がプラハで開催されたが，同学会の予稿集にはチェコとスロヴァキアの著者による興味深い論文が多数収められた[4-82]（Jelecek, Chromy, Janu, Miskovsky, and Uhlirova eds. 2003）．チェコ共和国で進められてきた研究は，土地利用や土地被覆の変化に関する長期的な研究，そして歴史気候学のような系統の課題を扱ってきた．チェコ地理学会には歴史地理学と環境史の分科会があり，電子ジャーナル『クラウディアン』*Klaudyan* を刊行している．

ハンガリーでは，環境史は歴史地理学を背景に登場し，ハンガリーの各大学でも授業が開講されている．ラヨス・ラクツは，『ハンガリーの16世紀以降の

気候史』と『ステップ地帯からヨーロッパへ——ハンガリーの環境史』の二つの注目すべき研究を著している[4-83](Rácz 1999; Rácz 2013)．ヨゼフ・ラスツロフスキーとペーター・スザボの編著『歴史的観点における人と自然』[4-84](Laszlovszky and Szabó eds. 2003)には，一連の重要な論文が収録されている．2013年に『環境と歴史』に掲載されたアンドレア・キスによる論文は，ハンガリーの環境史の現状に関する有益な情報を提供する[4-85](Kiss 2013)．

クロアチアにおける最初の正式な環境史の催しは，2000年にザダール大学で開催された国際シンポジウムで，トリプレックス・コンフィニウム(Triplex Confinium)という名称のプロジェクトの一環であった[3][4-86](Roksandic, Mimica, Stefanec and Gluncic-Buzancic eds. 2003)．その後，他のプロジェクトやセミナーも続き，その一部は学校向けあるいは歴史の教師向けでもあった．ザグレブ大学歴史学科のルボエ・ペトリックが率いる「環境史」専攻など，大学院生も受講できるようになった．2005年にはクロアチア経済史・環境史学会が創設され，雑誌『経済・環境史』*Economic and Eco-history* を創刊したほか，学会の主催を続けている．古典的な環境史の著作はクロアチア語に訳され，この本も例に漏れず初版がボルナ・フュルスト＝ビーリスの編集により出版されている．クロアチア語版には訳者後記として「クロアチアの環境史とは」が加えられ，1990年から2011年にかけての広範な文献目録も添えられた[4-87](Hughes 2011)．2012年には『環境と歴史』において，ルヴォエ・ペトリックがクロアチア人研究者による環境史の研究成果について優れた叙述を掲載している[4-88](Petric 2012)．

ロシア環境史は，ロシア科学アカデミーの科学技術史研究所に所属するユリ・チャイコフスキー，アントン・シュトゥルコフ，そしてガリナ・キボシーナなどの研究者が研究対象としている．ダグラス・R.ウィーナーは，ロシアとソヴィエト連邦を専門とするアメリカ人の代表的な学者で，ロシアの環境主義に関するいくつかの論考を発表している．『模範的な自然』[4-89](Weiner 1988/2000)では初期ソヴィエト時代における保全を研究し，『自由の片隅』[4-90](Weiner 1999)では環境団体がソヴィエト連邦では科学者と評論家を包括するものであったことを示した．『世界環境史百科事典』に掲載されたウィーナーの論文「ロシアとソヴィエト連邦」[4-91](Weiner 2004)には文献目録も含ま

第 4 章　その土地，地域，そして国家の環境史群

れている．ポール・ジョセフソンらによって書かれた『ロシアの環境史』[4-92]（Josephson et al. 2013）は，19 世紀から 21 世紀初頭までのロシアと旧ソヴィエト連邦の環境史を扱い，ロシア人以外の民族についても書いている．

地 中 海

　地中海は独特の生態地域であり，中央に位置する海が地域にまとまりを与えているのが特徴である．北部の地中海諸国はヨーロッパの一部であるため，前項において同様の理由で考察することもできた．ジョン・R. マクニールの『地中海世界の山々』[4-93]（McNeill 1992; また McNeill 2004 を参照）は，五つの代表的な場所とその土地の民族を対象とし，地中海の環境史全般を上手に扱っている．J. ドナルド・ヒューズの『地中海──一つの環境史』[4-94]（Hughes 2005b）は，年代記的に最初の人類の定住から現在までを一気に追っており，メソポタミア，ローマ帝国，そしてナイル川のアスワンに建設された各ダムの事例を提供している．アルフレッド・T. グローヴとオリバー・ラッカムの『ヨーロッパ地中海の自然』[4-95]（Grove and Rackham 2001）は，歴史というよりも環境のいろいろな過程の研究を巧みに図解する．もっとも，青銅器時代から 20 世紀半ばまでは，特に森林劣化，侵食そして砂漠化の分野で人間が環境に及ぼした負の影響はそれほど多くなかったことを証明しようとする，ドン・キホーテ風の理想主義的試みによって台無しにされてしまっている．ペルグリン・ホルデンとニコラス・パーセルは，『汚染する海』[4-96]（Horden and Purcell 2000）において，地中海という概念に関して様々に興味深く考察し，歴史と同程度に哲学にも言及している．カール・W. ブッツァーによる地中海環境史の博識な検討の数々が『考古学雑誌』*The Journal of Archaeological Science* に収められている [4-97]（Butzer 2005）．古代地中海世界については，J. ドナルド・ヒューズが『自然の窪地の苦悩』[4-98]（Hughes 1994）において議論しており，20 年後に改訂された第 2 版は『様々な環境問題を有したギリシア人とローマ人──生態環境を古代地中海で語る』[4-99]（Hughes 2014）として出版された．

　1990 年代初頭にスペインで環境史研究が台頭したのは，環境意識が広まっ

たことに加え，歴史家の興味が農業問題，そして自然科学や社会科学の方法論の彼らの研究における有効性に向けられるようになったことに関係する．このような研究者の仲間であるマニュエル・ゴンザレス・ドゥ・モリナやJ.マルチネス＝アリエは，論文集『転換された自然——スペインにおける環境史研究』[4-100] (de Molina and Martínez-Alier eds. 2001) を編纂している．マルチネス＝アリエが中心となって，2010年にはセヴィリアで農業生態史研究所が設立された．スペインの環境史家は特に，砂漠化などの環境制約に関連する農業の現状に関心を抱いている．その例として，ジャン・ガルシア・ラトル，アンドレ・サンチェス・ピコンとイエズス・ガルシア・ラトルの論文「人が作った砂漠」[4-101] (Juan G. Latorre, Picón, and Jesús G. Latorre 2001) がある．『グローバル環境』に掲載されたアントニオ・オルテガ・サントスの論文は，スペイン環境史と，世界の「南」側，特にインドとラテンアメリカの思想の関連性を扱う[4-102] (Santos 2009)．

ポルトガルでは，複数の大学に環境史に関心を持つ研究者がいる．コインブラ，ポルト，そしてミーニョの各大学である．環境史の研究を呼びかけたのは，ポルトガルのマデイラ島にある大西洋史研究センター (The Center for Studies of the History of the Atlantic: CEHA) である．同センターの研究者である アルベルト・ヴィエイラは，1999年に国際研究集会を開催し，その成果として『歴史と環境——ヨーロッパ拡張の衝撃』[4-103] (Vieira ed. 1999) を出した．アンゲラ・メンドーサによって組織された「第1回環境史と世界の気候変動に関する国際ワークショップ」は，2010年にブラガで招集され，第2回は翌年，ブラジルのフロリアノーポリスで開催された．イネス・アモリムとシュテファニア・バルサは『環境と歴史』において，ポルトガルの環境史に関する有用な記録を残している[4-104] (Amorim and Barca 2012)．しかし，これまでで最も大きな環境史の催事は，ギマランイス近郊のミーニョ大学で2014年に開催された世界環境史会議であろう．世界中から集まった研究者はポルトガルの同僚と会することができ，お互いに知的な刺激を得ることができたのである．

イタリアは，地中海の各国の中で最初に活動的な環境史家のグループが形成された国で，主に近接分野の研究者が集まってきた経緯がある．例えば，マウロ・アグノレッティは，かつてそして今も代表的な森林史家である．彼は

2005年にフィレンツェで開催された第3回ESEH大会の企画に携わり，雑誌『グローバル環境』の創設者でもある．農業史出身のピエロ・ベヴィラッカは，BSE（狂牛病）などの食糧供給危機などを研究対象とし，『物知りな牛』[4-105]（Bevilacqua 2002）を書いている．彼の『自然と歴史のあいだ』[4-106]（Bevilacqua 1996）は農業史と環境史の間の溝を埋める一歩を提供した．マルコ・アルミエロとマーカス・ホールの編纂による『現代イタリアにおける自然と歴史』[4-107]（Armiero and Hall eds. 2010）は，イタリア環境史の入門的案内として優れている．

ギリシアにおける環境史家グループは形成過程にある．2006年には，「ギリシアの環境――歴史の諸次元」と題した研究会議がアテネで開催された．その組織者のクロ・A.ヴラソポーローは，自動車による公害について，2005年にフィレンツェで開催されたESEHの大会で報告していた[4-108]（Vlassopoulou 2005）．彼女は，ジョージア・リアラコーと共にギリシア環境史の論文集を編纂している[4-109]（Vlassopoulou and Liarakou eds. 2011）．アテネ大学ではこの分野に関する講義が数多く開講されている．2003年のプラハでのESEH大会では，実質的に農民に開かれた共有地だったギリシア・ナショナル・エステート（ギリシア国有地）についてアレクシス・フランギアディスが報告しており，地中海都市での火災防止についてアレクサンドラ・エロリンポスが報告した[4-110]（Franghiadis 2003; Yerolympos 2003）．ヴァソ・シリニドオは，環境史についての批判的な紹介を書いている[4-111]（Seirinidou 2009）．

中東と北アフリカ

最近まで，北アフリカと西アジアは環境史に関する研究成果をほとんど生み出してこなかったため，取り上げるべき文献も多くなかった．この理由についてサム・A.ホワイトが2011年に「中東環境史」[4-112]（White 2011a）の中で説明している．アラン・ミハイルが選定し，編纂した論文集『砂の上の水』[4-113]（Mikhail ed. 2013）は，より積極的な研究に一歩踏み出している．ダイアナ・K.デイヴィスは，フランスの植民地主義者が北アフリカへの植民地拡大を正当化するために用いた環境史的神話に関する研究で複数の賞を受賞してい

る[4-114](Davis 2007).

　この地域の近世・近代の歴史(1453年～1918年)はオスマン帝国に支配されている．オスマンの環境史研究は急速に増えてきている．2011年に刊行された二つの例として，サム・A.ホワイトの本は気候と反乱に関する叙述[4-115](White 2011b)で，アラン・ミハイルの受賞作品[4-116](Mikhail 2011)は『オスマン時代のエジプトの自然と帝国』を描いたものである．

　アロン・トールは歴史家というよりむしろ法律家だが，彼の著作『約束の地の汚染』[4-117](Tal 2002)は，その副題に「イスラエルの環境史」とあるように，まさに実に有用なイスラエルの環境史の一つである．この本は多様な環境問題を網羅的に扱い，偏向した賞賛や悲観主義を避けている．また，代表的な文献である，ダニエル・オレンシュタイン，アロン・トール，そしてチャー・ミラーの編纂による『廃墟と復元のはざまで』[4-118](Orenstein, Tal, and Miller eds. 2013)は，過去150年間に焦点をあてている．

インド，南アジアそして東南アジア

　主要な「非西洋」の研究者文化の中で，環境史が初めて拠りどころを見つけ，独立した学術的な刺激を見出すことができたのはインドであった．インドでは，環境史は科学史と結びつけられている．英国の統治期は特に森林や水利用に関する資料が膨大に存在し，注目されたが，独立後の進展も次第に重要性が増してきている．インドは，環境史家の数，質，そして生産力においても印象的である．

　最初に多くの読者を得たインドの学者はラーマチャンドラ・グハで，「チプコ・アンドラン」(木を抱き締める運動)についての彼の本は1989年に出版された[4-119](Guha 1989)．イエール大学に滞在していた時，彼は代表的なアメリカ合衆国の環境史家と懇意にすることができた．アメリカにおける生命中心主義思想や原生自然を重視する姿勢に批判的だった彼は，南アジアでは自然のある地域がまさに地元住民の家であり人々の生活に必須の資源であるため，環境保護は人間のニーズと社会正義を考慮に入れなければならないと指摘した．1992年にはグハとマダヴ・ガジルが『この裂かれた土地』[4-120](Gadgil and Guha

カリカン(「暗い森」)の聖なる木立の泉を小さな寺が囲む. 南インドのカルナタカ, ウッタラ・カンナダにある. 自然の区域を囲って祈りのために確保する風習であり, これはインドのどこでもそうである. 筆者撮影(1994年)

1992b)と題したインドの生態史を出版した. 様々な社会関係と環境の諸条件の相互作用を分析し, その主張は世界中に方法論的影響を与えている. アメリカ環境史の思想は, その後20年の間に人間中心的な考え方に向かった[4-121] (Arnold and Guha eds. 1995).

　ガジルは, インドの森林政策を見直し, 西ガーツ山脈の開発を検討する各委員会の委員を務めた. 環境保護論者のスバシュ・チャンドランは, 村民に守られ今日まで存続している聖なる木立を研究している[4-122](Gadgil and Chandran 1988; Chandran and Hughes 2000). チャンドランの研究の中には, 歴史的観点を持たせたガジルとの共著もあるが, 生物多様性と固有の生態系の保存には伝統的な地域共同体の保護地が重要であること, そしてヒンドゥー教における慣習の変化が環境保護にどのように影響してきたかを示す. インド地理学会の会員

インド，バナラスの聖なるガンジス川の河岸で祈りを捧げるバラモン〔インドで最高位の司祭階級〕．自然の各側面への畏敬は，環境に対する人間の歴史的な関わり方の顕著な特徴の一つである．筆者撮影(1992年)

であるラナ・P. B. シンは，文化的景観と聖なる地誌を専門とする歴史地理学者で，特に重要な巡礼地であるバナラス地域を専門とする[4-123](Singh ed. 1993)．

　デイヴィッド・アーノルドとラーマチャンドラ・グハは論文集『自然・文化・帝国主義』を編纂した[4-124](Arnold and Guha eds. 1995)．ニューデリーにある「科学と技術の開発研究科学院」(The National Institute of Science, Technology, and Development Studies: NISTADS)の科学史研究部は出版物の刊行や学会の開催を支援し，著名な科学史家であるディーパック・クマールやサトパル・サングヮンによって前進した．リチャード・グローヴ，ヴィニタ・ダマドラン，そしてサトパル・サングヮンの共編で，『自然とオリエント(東洋)』[4-125](Grove, Damodaran, and Sangwan eds. 1998)と題された論文集が出版された．ナイニタルのクマウン大学のアジェイ・S. ラワットはヒマラヤにおける森林劣化を年代記として記録し，森林劣化が地元の人々，特に女性や諸部族に及ぼす影響を描いている．ラワットは他にも森林史に関する貴重な論文集を編纂している[4-126](Rawat ed. 1991; Rawat ed. 1993)．ラヴィ・ラヤンは英国帝国主義時代の林業に関する本を著している[4-127](Rajan 2006)．『生態，植民地主義，そして畜牛』[4-128](Satya 2004)では，ラクサム・D. サトゥヤが19世紀の中央インド

インドネシア，バリのジムバランの踊り手がバロン(Barong)〔バリ島に伝わる獅子の姿の聖獣〕に扮する．非常に人懐っこい動物の霊で，環境の善の諸要素を象徴する．筆者撮影(1994年)

を舞台に，放牧，林業，植民地主義者，そして地元の人々の間の相互作用について研究している．マヘシュ・ランガラヤンは，原生自然の保護，森林に関連する諸権利，そして環境史を重視し，著者としても編纂者としても数々の名著を残している．ランガラヤンが他の学者と共に編纂した『環境史——あたかも自然が存在したかのように』[4-129](Rangarajan, McNeill, and Padua eds. 2010)は，自然は社会的構造物に過ぎないとして，近代主義批判(ポストモダン)の考え方に暗黙のうちに呼応していた．彼の最近の論文集である『インドの環境史』[4-130](Rangarajan and Sivaramakrishnan eds. 2012)は包括的である．

2006年に南アジア環境史協会ができたことは，この専門領域の組織化だけでなく，地域外に拠点を持つ研究者も含め，南アジア研究者の交流を促進する上でも重要な一歩である．同協会の会長を務めるランヤン・チャクラバルティはコルカタのジャダプール大学で環境史の教育課程を構築した人物で，西ベンガルにあるヴィドヤサガール大学の経営代表(副学長)である．多数ある出版物の中でも『環境史は重要か？』[4-131](Chakrabarti 2006)及び『環境史の位置づけ』[4-132](Chakrabarti 2007)ではこの分野の理論と方法論が考察されている．前者の著作の題にもなっている問いについては，その序論で「環境史には新たな社会史や文化史の種がしっかり埋め込まれているため，この分野は繁栄を続

けるだろう．……したがって，環境史は重要なのである」[4-133] (Chakrabarti 2006: xxiv-xxv) と回答している．クリストファー・ヒルの『南アジア』[4-134] (Hill 2008) は地域全体の環境史の入門書である．19世紀のスリランカの環境史についてはジェイムズ・L. A. ウェブが『熱帯の開拓者』[4-135] (Webb 2002) で書いている．

『インドネシア環境史ニュースレター』*Indonesian Environmental History Newsletter* は，国際的な学者集団EDEN (Ecology, Demography and Economy in Nusantara，ヌサントラにおける生態，民勢そして経済) のためにデイヴィッド・ヘンリーがオランダのライデンで約10年間発行していたものだが，残念ながら2003年に廃刊になった．EDENの会長を務めていたピーター・ブームガルドは『東南アジア──環境史』[4-136] (Boomgaard 2006) を書いているほか，『恐れる開拓者──マレー世界における虎と人々』[4-137] (Boomgaard 2001)，そしてフリーク・コロンビジンとデイヴィッド・ヘンリーとの共編『紙がもたらす文化的景観の諸相──インドネシアで環境史を探索する』[4-138] (Boomgaard, Colombijn, and Henley eds. 1997) を出版している．

東アジア

中国の研究者が環境史に転じたのは1990年から2010年にかけてで，この分野はめざましい成長を見た．当初，国外の研究者に彼らの著作を読んでもらうことがほとんどできず，改革開放政策によって外国語で書かれた重要な環境史の文献の中国語への翻訳が許されるようになるまで交流も妨げられていたため，彼らは活動を展開することができなかった．今やいくつかの大学で環境史を学部あるいは専攻として設置しており，学術雑誌もこの分野の論文にページを割くようになっている．首都師範大学に見られるように，環境史と世界史は協力関係にある．

北京大学のマオホン・バオが2004年に書いた論文は，中国で書かれた環境史の文献に対する優れた入門編である [4-139] (Bao 2004)．この論文では中国の研究者が中国語で書いた著作も参照している．バオが言及する研究主題には，環境保護，水管理，都市環境史，気候，人口，飢饉そして森林史などがある．

第 4 章　その土地，地域，そして国家の環境史群

バオは，中国の環境史研究で最も初期段階のいくつかの論文を書いており，他国における環境史研究の歴史，理論と方法を紹介しつつ，彼自身の環境史に関する解釈と中国の環境史学派の形成を促進したい考えも提供している．彼は，「環境史研究には無限の可能性があり，社会発展のニーズを満たし，国際的な学術発展の主流とも繋がっているため，着実に成長する」分野であると確信している[4-140](Bao 2004: 477)．2005 年には，天津の南開大学で中国史における環境と社会をテーマとする国際シンポジウムが，ワン・リーファの企画運営により開催された．中国社会科学院世界史研究所のガオ・グーロンは，『歴史研究』の環境史を扱う号を編纂している[4-141](Guorong ed. 2013)．

　中国の国外でも貴重な研究が行われているが，マーク・エルヴィンの『ゾウたちの退却――中国環境史』[4-142](Elvin 2004)は信頼の置ける参考文献である．また，彼がツーユン・リューとともに出した論文集『時間の堆積物』[4-143](Elvin and Liu eds. 1998)も優れている．1949 年の革命以降の時代における環境面での過ちについて，ユーディト・シャーピーロが『毛沢東の自然との闘い』[4-144](Shapiro 2001)で解明している．より古い時代を扱ったものに『虎，米，絹，そして沈泥』[4-145](Marks 1998)がある．これはロバート・B. マークスによる，帝国政府の中国南部での食糧危機への対応を扱った模範的な研究である．そして，『中国』におけるイーフー・トゥアンによる概観は現在も価値がある[4-146](Tuan 1969)．「古代中国における生態学的危機とその対応」[4-147](Bilsky 1980)ではレスター・J. ビルスキーが秦やその他の古い王朝を考察している．自然保護はクリス・コギンスの『虎とセンザンコウ』[4-148](Coggins 2003)で扱われている．英語で著された中国環境史の概観としてはロバート・B. マークスによる『中国――その環境と歴史』[4-149](Marks 2011)が傑出している．

　ミカ・ムスコリノの『中国における戦争の生態学』[4-150](Muscolino 2015)は，第二次世界大戦で大惨事に見舞われた地域における戦争と環境との相互作用を研究する．日本軍の進軍を妨げようと，国民革命軍は黄河の堤防を破り，その結果壊滅的な洪水が起こった．その後，飢饉によって何百万人もの人が命を落としたり，土地を追われたりした．この本は，軍隊，社会，そして環境の間を行き来するエネルギーの流れの側面から戦争の生態学を概念化している．

メイ・シューシンが北京師範大学の歴史学科に学士課程と大学院課程を設置した環境史の教育課程は好調である[4-151]（筆者は2011年に同大学で環境史を教える機会を得た）．シューシンは今，北京の清華大学で教えているが，彼女の教え子は中国の様々な大学で教鞭をとり研究をしている．彼女の論文「環境の歴史から環境史へ」[4-152]（Xueqin 2007）は思慮深く，環境史の本質を吟味している．彼女の主張は，環境史とは，環境そのものの歴史ではなく，また，社会研究の歴史の範疇に含まれる環境に関する部分を切り取ったものでもなく，人間と環境の間の相互作用の歴史研究であるということにある．彼女の言葉では「環境史の研究は，環境問題を理解しようとする人々に道筋を示すことができ，環境問題に関する不適切な主張を論破する方法にもなり，環境への意識を高める手段にもなりうる」[4-153]（Xueqin 2007: 140）．一つの帰結として彼女が主張しているのは，「人間と自然の調和の実現は，人間どうしの社会関係の改善から始めなければならない」ということである[4-154]（Xueqin 2007: 139）．人間と自然の平和は，人間どうしの関係が平和であるかどうかにかかっている．

　ミンフェン・シャは，2012年に中国人民大学の生態史センターを創設し，現在も所長を務めている．代表的なアメリカ環境史家であるドナルド・ウースターはそこで名誉外部専門家として仕事をしている．同センター副所長のシェン・ホウは，カンザス大学で環境史の主題で博士論文[4-155]（Hou 2013）を書いている．環境史のプログラムは中国の各地方の大学や研究機関にもあり，生態学的に異なる地域の研究も可能である．

　東アジア環境史協会は，中国人ではない中国史家も取り込み，国際学会を開催している．最初の会合は2011年に台北の台湾中央研究院で，第2回の会合は2013年に花蓮の東華大学にて，有能なツーユン・リュー学会長の下で開催された．

　韓国は，コンラッド・タットマンの『前工業化期の韓国と日本——環境の観点』[4-156]（Totman 2004）に登場する．リサ・ブラディは「非武装地帯（DMZ）の生活」[4-157]（Brady 2008）で，軍事区域が意図せず野生生物の保護区となる矛盾について描いている．ヒュンスク・リーは，2011年に寧越延世フォーラムの一つの分科会として「環境史研究——地球を横断して」を組織し，韓国，日本，中国，ドイツ，そしてアメリカ合衆国から研究者が参加した．多くの論文

第 4 章　その土地，地域，そして国家の環境史群

は医療史を扱っていた．北朝鮮の環境史はロバート・ウィンスタンレイ＝チェスターズの著書の主題である[4-158]（Winstanley-Chesters 2014）．

　日本には確立された歴史叙述の伝統がある．日本以外の著者では，コンラッド・タットマンが書いた『日本——一つの環境史』[4-159]（Totman 2014）は重要な文献である．彼はまた，『日本史』でも環境史のアプローチを採用しており，その著書は「生態学的な観点から見ると，日本の歴史はとりわけ興味深い」という文から始まる．同じくタットマンの『緑の列島』は，多くの日本の歴史資料に基づいて書かれており，一流の森林史である[4-160]（Totman 2005; Totman 1989）．フィリップ・C. ブラウンは『共有地を耕す』[4-161]（Brown 2011）において土地所有形態の影響を研究している．『日本——自然の縁で』[4-162]（Miller, Thomas, and Walker eds. 2013）は有用な論文集である．さらに言及しておくべきはブレット・L. ウォーカーの『征服されたアイヌの土地』[4-163]（Walker 2006）である．

　村山聡は東アジア環境史協会の学会長として，2015 年 10 月に原宗子と共に第 3 回の国際学会を高松市の香川大学で主催した．

オーストラリア，ニュージーランドそして太平洋の諸島

　リビー・ロビンとトム・グリフィスによる「環境史——オーストラレーシア」は，オーストラリアとニュージーランドの状況について文献目録をつけて案内している[4-164]（Robin and Griffiths 2004）．ドナルド・S. ガーデンによるすばらしい本では，オーストラリア，ニュージーランド，そして太平洋諸島の環境史を解明している[4-165]（Garden 2005）．それより以前に出版された文献で，同じ主題を扱っている論文にニュージーランド人のエリック・ポーソンとオーストラリア人のスティーヴン・ドヴァースによる「環境史，それが挑戦しているのは学際性——一つの対蹠地（地球の反対側）の観点」[4-166]（Pawson and Dovers 2003）がある．学術雑誌である『環境と歴史』はこの地域について 2 回にわたって特集を行っているが，一つは，リチャード・グローヴとジョン・ダーゲイヴルの編纂によるオーストラリア特集であり，もう一つはトム・ブルーキングとエリック・ポーソンの編纂によるニュージーランド特集である[4-

167〕（学術雑誌 *Environment and History* の特集号 "Australia," 4-2, June 1998 および "New Zealand," 9-4, November 2003）．ティム・フラナリーの『未来を食べる人たち』[4-168]（Flannery 1994）は，オーストラリアやニュージーランドはもちろん，ニューギニアやニューカレドニアも含むオーストラレーシアの環境史を扱う．フラナリーは，ロビンとグリフィスの表現を借りると「アボリジニとヨーロッパ人は共に未来を食べる人々で，どちらも短期的で，近視眼的に自然を搾取する」[4-169]（Robin and Griffiths 2004: 459）という仮説を追究した．これは環境史家の間での核心的な論点である．つまり，果たして先住民族は試行錯誤を経て地元の生態系と安定した関係性を築いたかどうか，そしてその均衡は植民地主義によって破壊されたのかどうかである．オーストラリアとニュージーランドはともに，英国が植民地を地球の対蹠地に設立し，そこで母国の社会と農業を具現しようとした努力の表れである点で似ている．しかし，両者は，文化的景観，在来の生物相，ヨーロッパ人の到来前の住民，そして最初に送り込まれた英国の臣民たちの階層において明確に異なる．それ故，両者の環境史は通常別々に扱われてきた．

　オーストラリア環境史に興味があるならば，スティーヴン・ドヴァースによって編纂された『オーストラリア環境史』と『環境史・政策』を参照すると良い[4-170]（Dovers ed. 1994; Dovers 2000）．ジェフリー・ボルトンは，生態学的な方法を物語あるいは語りに用いた最初の歴史家の一人であり，彼が書いた『強奪品の数々と略奪者たち』[4-171]（Bolton 1992, 1st edn. 1981）は，オーストラリアで最初の環境史の教科書である．彼はアボリジニによる火の使用を調査することから始め，続いて無尽蔵と考えられていた木々，土地，そして狩猟の対象となる動物たちに対する入植者たちの態度を検討し，最後に都会や田舎の活動の影響の増大と保護運動の拡大について書いている．また，オーストラリアの環境史の原点について叙述するにあたって，エリック・ロールズの著作[4-172]（Rolls 1981; Rolls 1984, 1st edn. 1969; Rolls 2000）に言及しなければ，怠慢だと思われるであろう．ロールズは農夫であるとともに熟練の著作家で，生態学的過程に対する実践的かつ洞察力ある捉え方は多くの歴史家を刺激してきた．同様に歴史地理学者のJ. M. パウエルのすばらしい貢献も語らずにはいられない．彼の著作には『歴史地理学——現代オーストラリア』[4-173]（Powell 1988）などが

第4章　その土地，地域，そして国家の環境史群

ある．森林史家のジョン・ダーゲイヴルの『こしらえられたオーストラリアの森林』[4-174](Dargavel 1995)は信頼できる研究である．ダーゲイヴルが学会長を務めるオーストラリア森林史学会(Australian Forest History Society)は，森林・環境史の学会を数回開催し，彼の編纂により『オーストラリアの絶え間なく変化する森林』[4-175](Dargavel ed. 1995)と題する一連の学会報告論集を発行している．森林史では，他にトム・グリフィスの『セイタカユーカリの森林』[4-176](Griffith 2001)があり，ヴィクトリア州の巨大なユーカリの森の消滅を研究している．ベン・ダーリーの『グレート・バリア・リーフ』[4-177](Daley 2014)には，世界最大のサンゴ礁の生態系に人間が与えた影響の歴史が書かれている．エミール・オゴールマンの『洪水の国』[4-178](O'Gorman 2012)は，マレー・ダーリング流域の洪水に焦点を当てた環境史である．アメリカ人のスティーヴン・J．パインは『焼かれる低木』で，オーストラリアにおける火災の環境史を書いている[4-179](Pyne 1991)．この本は，パインが地球上の各地の火災について書いた一連の著作の一つである．ティム・ボニハディ[4-180](Bonyhady 1993)，リビー・ロビン[4-181](Robin 2000)そしてドリュー・ハットンとリビー・コナーズ[4-182](Hutton and Connors 1999)はそれぞれ環境運動を研究している．ティム・ボニハディの『植民地化された地球』[4-183](Bonyhady 2000)では，芸術と文学が環境史を理解する上で有用であることが例証されている．

オーストラリア国立大学(The Australian National University: ANU)は，学際的な環境研究を強みとしており，オーストラリアの主要な環境史家の拠点であるほか，この分野の大学院課程も設置している．ANUには2009年に環境史センターが設立され，オーストラリアの視点を重視しながら，国際的な環境史，科学史そしてパブリックヒストリーの分野で教育研究を行っている．「オーストラリア・ニュージーランド環境史ネットワーク」は有益なウェブサイトを運営している[4-184](http://environmentalhistory-au-nz.org)．

ニュージーランドの環境史家たちは非常に生産的な集団である．ニュージーランドの島々はオーストラレーシアの中でも生態学的に固有であり，また同じようにマオリの文化的背景であるポリネシアも固有の存在であるという彼らの主張は正当である．ニュージーランドの環境史における問いの一つは，比較的遅い時期に入ってきたマオリの定住者と，パケハ(マオリではない白人の植民者)

がそれぞれ原始的な景観にどの程度影響を与えてきたかということである．2002 年に出版されたエリック・ポーソンとトム・ブルーキングの編纂による『ニュージーランドの環境史』[4-185](Pawson and Brooking eds. 2002)には，代表的な 18 論文が収められている．ジェイムズ・ベリッチは『民族を作り出す』と『楽園の作り直し』の 2 巻にわたってニュージーランド史の大作をまとめている．総合的な環境史的叙述を初期のマオリに関して行っているが，植民地時代になるとより伝統的な政治史および社会史的な描き方になっている[4-186] (Belich 1996; Belich 2001)．マイケル・キングは，『ペンギンの歴史——ニュージーランド』[4-187](King 2003)で我々の主題をもう少し深掘りしている．人類学者のヘレン・M.リーチは，パケハそして同様にマオリにおける園芸の歴史，さらに他の太平洋の島民の間で広がった園芸の歴史も研究している[4-188] (Leach 1984)．ジェフ・パークは『Ngā Uruora（生命の木々）』[4-189](Park 1995) において沿岸低地の森の消滅の歴史的過程を研究し，その破壊の責任はマオリよりもパケハに帰属させている．キャサリン・ナイトの『荒廃した美』[4-190] (Knight 2014)は，ノースアイランドの南部を舞台に自然とマオリの歴史を融合させる．アルフレッド・W.クロスビーは，彼の著書『生態学的帝国主義』[4-191](Crosby 2004, 1st edn. 1986)の中で特筆すべき事例研究を紹介している．Envirohistory NZ[4-192](envirohistorynz.com)は資料豊富なウェブサイトである．

　太平洋は地球最大の地域であるが，今のところはまだ，その環境史はようやく書き始められたばかりである．この地域は多様に定義され，環太平洋地域の国々をすべて含むならば本当に広大な地域である．ジョン・R.マクニールが編纂した『環境史——太平洋世界』[4-193](McNeill ed. 2001)に掲載された論文は，太平洋に面している様々な国を，カリフォルニアやチリから中国やオーストラリアまで，そしてその間にある島々も網羅している．ジョン・ダーゲイヴル，ケイ・ディクソン，ノエル・センプルは論文集『変化する熱帯の森——歴史の様々な視点からみる今日の多様な挑戦，アジア，オーストラレーシアそしてオセアニア』[4-194](Dargavel, Dixon, and Semple eds. 1988)を編纂している．しかしより厳密には，この地域は「オセアニア」と定義することができる．それは多くの島々の世界で，主にメラネシア，ミクロネシアそしてポリネシアによって構成される地域である．ただ，これで混乱を回避できるわけではない．と

遺跡の発掘現場．フィジー，ヴィタレヴュー．考古学は，環境史家に有益な情報と解釈を提供する科学の一つである．筆者撮影（2007 年）

いうのも環境の辺境というのは，時に生態学的に，文化的に，または地理学的に定義されるからである．例えば，ニューギニアはメラネシアにあり，ニュージーランドはポリネシアに位置するが，両方ともオーストラレーシアに所属する．オセアニアの環境史の論文を挙げるとすれば，ジョン・R. マクニールの「ネズミと人の」[4-195]（McNeill 1994）から始めると良いであろう．『太平洋の島々』[4-196]（Rapaport ed. 2013）はずっしりとした論文集で，環境史家にとって大変有用である．パトリック・V. カーチとテリー・L. ハントが編纂した『歴史的生態学——太平洋諸島』は主に人類学的な論文集であるが，カーチによる「環境史——オセアニアの島々」[4-197]（Kirch 1997; Kirch and Hunt eds. 1997）が収録されている．他には，ポール・ダーシーの『海の民——環境，固有性と歴史をオセアニアでみる』[4-198]（D'Arcy 2005）がある．また，「自然と文化——太平洋の島々」[4-199]（Hughes 2006）も参照されたい．筆者が書いた論文である．

ハワイの島々は，内発的な興味のほか，強力な大学出版局の存在もあり，多くの学者を引きつけている．ハワイの環境史に関係する著作としてはジョン・L. カリニーの『島々が浮かぶ遠い海』[4-200]（Culliney 2006），そしてキャロル・A. マクレナンによるサトウキビのプランテーション産業の歴史についての決定的な研究である『絶対至上の砂糖』[4-201]（MacLennan 2014）がある．イース

ター島(現地語名:ラパ・ヌイ Rapa Nui)とナウル島の二つの島は,環境史における教訓として有名になった.イースター島はヨーロッパ人たちが関わる前の歴史において,島民が森林劣化を引き起こした島として,ナウル島は20世紀に入ってリン酸塩産業によって大量に搾取され荒廃した状態で放置された島として知られている.イースター島に関する本は多く出版されており,ジャレド・ダイアモンドの『文明崩壊』[4-202](Diamond 2005a)にも,イースター島について書かれた章がある.しかし最も手に入れやすいモノグラフは『謎のイースター島』[4-203](Flenley and Bahn 2003)であり,ジョン・フレンリーとポール・バーンの共著である.ナウル島については,カール・N.マクダニエルとジョン・M.ゴーディによる『売りに出された楽園』[4-204](McDaniel and Gowdy 2000)は丁寧に研究が進められており,非常に読みやすい.

アフリカ

サハラ砂漠以南のアフリカの環境史の案内書としては,代表的な実践家の一人である南アフリカ人のジェーン・カルタースによって書かれた論文「アフリカ――歴史と生態系と社会の諸相」[4-205](Carruthers 2004)がある.彼女の論文は,環境史を社会史の枠組みの中に置くものであり,社会における多様な変化を強調する.野生生物の保存の重要性と植民地時代以来多数の公園が造られてきたことを踏まえ,歴史家の多くは保全に関する問いに注目してきた.デイヴィッド・アンダーソンとリチャード・グローヴの編纂による『アフリカにおける保護』[4-206](Anderson and Grove eds. 1987)は重要である.グレゴリー・H.マドックスは,サハラ砂漠以南のアフリカの環境史を概観し,相対的に貧しくとも,多くのアフリカの国家は急速な都市化にうまく対処し,世界標準の保全や持続性のための諸計画を策定してきたことを示した[4-207](Maddox 2006).ナンシー・J.ジェイコブズの資料集成は非常に優れている[4-208](Jacobs 2014).オックスフォード大学のアフリカ研究センターに所属するウィリアム・ビーナルトの『勃興する保護――南アフリカ』[4-209](Beinart 2003)も良質な著作である.ジェイムズ・C.マッキャンの重要な著作である『緑の土地,茶色の土地,黒い土地――アフリカ環境史,1800年〜1900年』[4-210](McCann 1999)は,ア

ケニアのアンボセリ国立公園でサバンナの木々の間に立つキリン．アフリカの環境史は野生生物の保護地区と保全の過程と原理を分析してきた．筆者撮影(1989年)

フリカの環境史はその多様な景観について書かれうるという着想を主題にしている．マッキャンによると「根本的に，この本の中心テーマはアフリカの景観は人為的なもの，人間の行為によって生まれたという前提である」．彼は，ヨーロッパからの入植者はアフリカを野生の楽園とみなし，アフリカの浪費的な慣行によって楽園が破壊されたと考える傾向にあったが，今や多くの環境史家はその破壊はむしろ植民地支配の誤解や開発に帰するべきものとしがちであると指摘している．ヘルジ・キークスは，『生態系管理と経済発展——東アフリカの歴史』[4-211] (Kjekshus 1977)においてこの発想をさらに展開させようとした．ナンシー・J.ジェイコブズによる『環境，権力そして不正義』[4-212] (Jacobs 2003)は，南アフリカのカラハリ砂漠の端に位置している共同体の長い歴史を追ってこの主題を研究している．タンザニアの田舎の様々な共同体における変化と革新の原因を研究する編著『土地の管理人たち』[4-213] (Maddox, Kimambo, and Giblin eds. 1996)は，田舎の文化と環境を歴史的に取り扱う必要があることを説明している．同書の中で，ダルエスサラーム大学における歴史学創設の父であるイザリア・N.キマンボは，タンザニアの歴史解釈において，外部要因による変化と地元主導の取り組みの間の均衡を取ろうとしてきた歴史家の努力を考察する．マッキャンのより最近の本である『トウモロコシと品位——アフリカが出会った新世界の作物』[4-214] (McCann 2007)は，アフリカ全土

モザンビークのゴロンゴーザ国立公園の森林警備隊員．密猟の対策はすべてのアフリカの国立公園で必要である．筆者撮影 (2012年)

に広がり，いくつかの在来の培養変種に取って代わった作物の歴史を示す．

　保全を政治世界とは無関係の問題とする傾向を破壊したのはジェーン・カルタースの『クルーガー国立公園』[4-215] (Carruthers 1995)，そしてクラーク・ギブソンの「動物を殺すのは銃と票」[4-216] (Gibson 1995) である．学術雑誌『環境史』は1999年に特別号「アフリカと環境史」を組み，移民，人口，植民の科学そして土壌侵食の論文を収録した[4-217]（学術雑誌 Environmental History の特集号 "Africa and Environmental History," 4-2, 1999）．ウィリアム・ビーナルトとピーター・コーツは南アフリカとアメリカ合衆国の環境史を比較した[4-218] (Beinart and Coates 1995)．ファリーダ・カーンは，これまで顧みられることのなかった，保全の歴史において南アフリカの黒人たちが果たした役割，特に土壌保全における役割に注目している[4-219] (Khan 1997)．水の歴史については，ヘザー・J. ホーグが河川開発に関する本を書いているほか[4-220] (Hoag 2013)，アレン・F. イザックマンとバーバラ・S. イザックマンの研究がモザンビーク，カホラ・バッサの巨大ダム事業の人的及び環境面でのコストの実態を暴いている[4-221] (A. F. Isaacman and B. S. Isaacman 2013)．タマラ・ギルス＝ヴァーニックの『過去の蔓を切る』[4-222] (Giles-Vernick 2002) は，中央アフリカの熱帯雨林環境史を主題としている．『環境と歴史』は，1995年にジンバブエに関して特

集を組み，保全，水，象牙貿易，そして土地紛争などの論点を考察する論文を掲載した[4-223] (学術雑誌 *Environment and History* の特集号 "Zimbabwe," Richard Grove and JoAnn McGregor ed., 1-3, October 1995).

ラテンアメリカ

今日のラテンアメリカの環境史家の活力や生産性を観察すれば，誰でもこの分野が活発で成長していることを実感するだろう．ラテンアメリカ・カリブ環境史学会(SOLCHA)は2006年に設立され，現在も精力的に活動している．同学会の会員はソルチャの人々(solcheros)と呼ばれ，会合は2年に1回開催されている．これらの会合で予定されている報告数によって，SOLCHAは学会としてESEHやASEHと同等の地位を認められている．この学会の学術雑誌『ラテンアメリカ・カリブ環境史』*Historia Ambiental Latinoamericana y Caribeña*(HALAC)は2010年に創刊されている．ブラジルの研究者であるリセ・セドレスは，ラテンアメリカ環境史の文献目録をウェブサイトで提供している[4-224] (www.stanford.edu/group/LAEH). ギレルモ・カストロ・ヘレラが2001年に発表した「環境史——ラテンアメリカ」[4-225] (ASEH website, August 2005, http://www.h-net.org/~environ/historiography/latinam.htm) は，ラテンアメリカ環境史への導入として優れている．カストロは『自然と社会——ラテンアメリカの歴史』[4-226] (Castro 1995)も書いており，これは1994年にカーサ・デ・ラス・アメリカス賞(Casa de las Américas Award)をキューバ，ハバナで受賞している．キューバの哲学者で愛国主義者のホセ・マルティの作品における，自然のヴィジョンとラテンアメリカ各国における自己決定の発想との結びつきに留意しつつ，環境政治的自覚を刺激する上でカストロはマルティとソローを対比的に扱っている．ショーン・ウィリアム・ミラーの『環境史——ラテンアメリカ』[4-227] (Miller 2007)は2007年にエリノア・メルヴィル賞(Elinor Melville Prize)を受賞した．より以前にラテンアメリカの環境史を扱った作品には，ニコロ・グリゴとジョージ・モレロの「メモ書き——ラテンアメリカの生態史」[4-228] (Gligo and Morello 1980)や，ルイ・ヴィタールの『環境の歴史——ラテンアメリカ』[4-229] (Vitale 1983)がある．ベルナルド・ガルシア・マルチネスと

アルバ・ゴンザレス・ジャコメによる選集『研究論文集――アメリカの歴史と環境』[4-230] (Martínez and Jácome eds. 1999) は，米州機構の汎アメリカ地理学歴史研究所の支援によって出版された．ラテンアメリカの各地域を研究した著作には，フェルナンド・オーリッツ・モナステリオ他による『神を冒瀆する土地――メキシコの環境史』[4-231] (F. O. Monasterio, Fernández, Castillo, J. O. Monasterio, and Goyri 1987)，クリストファー・ボイヤーの編纂による『メキシコ――海に挟まれた国』[4-232] (Boyer ed. 2012) がある．さらに，キューバにおける砂糖については，レイナルド・フーネス・モンゾートの『転換――熱帯雨林からサトウキビ畑へ』[4-233] (Monzote 2008) を参照されたい．

アルフレッド・W.クロスビーの作品，特に『コロンブスの交換』[4-234] (Crosby 1972) は，ヨーロッパ人の新世界への侵略は単に軍事的な征服ではなく，人間の個体群に加えて，侵略的な動物，植物，そして微生物を含む生態学的移転であったという考え方によって北アメリカの学者にもラテンアメリカの学者にも影響を与えてきた．エリノア・G. K.メルヴィルの『はびこる羊』[4-235] (Melville 1994; スペイン語翻訳は Melville 1999) は，環境のいろいろな帰結に関して，メキシコが征服された結果起こった環境への影響，特にメズキタル渓谷の生態学的な劣化を研究した．ウォーレン・ディーンが書いた『斧と燃え木で――破壊されたブラジル大西洋側の森林』[4-236] (Dean 1995) は，環境史の最高傑作である．ディーンが1994年にサンティアゴで悲惨な死を遂げたことにより，予定されていたアマゾンの熱帯雨林に関する著作は完成されなかったが，これはおそらく『ブラジルと天然ゴムをめぐる争い』[4-237] (Dean 2002, 1st edn. 1987) の続編になるべき作品であった．アンデスの気候変動については，マーク・キャリーの受賞歴のある研究『氷河が溶けていく陰で』[4-238] (Carey 2010) がある．

古代世界と中世

前工業化期の環境史はさらに研究が必要である．前工業化期とは一般的に1800年以前のことを意味する．中世は，リチャード・C.ホフマン，ウィリアム・ティブレイク，ペトラ・J. E. M.ファン・ダム，チャールズ・R.ボールス，

ロナルド・E. ズプコ，そしてロバート・A. ロールスが環境史の対象として道を開くまで相対的に触れられないままであった[4-239](Hoffmann 1997; Hoffmann 1989; TeBrake 1985; van Dam 1996; Bowlus 1980; Zupko and Laures 1996). ホフマンとエリノア・G. K. メルヴィルは，1996 年 4 月にカナダのトロントで前工業化期の環境史に関する学会を開催した．2014 年の研究書『環境史——中世ヨーロッパ』[4-240](Hoffmann 2014)は特に注目に値する．

古代地中海世界の環境史という領域はこれまで十分に検討されてきていない．それは古代学の学術世界の保守主義にも一因があるが，それでも重要な次の一歩となる「汚染と環境——古代の生活と思想」に関する学会がベルリン自由大学と国立図書館を会場に 2014 年に開催された．これは，オリエッタ・コルドヴァナとジアン・フランコ・チアイによって組織され，古典学者やその他の古代世界を扱う学者が環境をテーマに一堂に会す初めての会合であった．基調講演はクラウス・ゲウスが古代の文書における環境と地理学について行った．

本書の著者である J. ドナルド・ヒューズもこの分野の仕事をしており[4-241](Hughes 1994)，最近も 2014 年に新刊『環境問題——ギリシア人たちとローマ人たち』[4-242](Hughes 2014)を出版した．ラッセル・メイグス，ロバート・サラーズ，トーマス・W. ギャラント，ギュンター・E. トゥーリィ，ヘルムート・ベンダー，カール=ヴィルヘルム・ヴェーバー，J. V. サーグッドそしてルーカス・トーメンの著書は質が良い[4-243](Meiggs 1982; Sallares 1991; Gallant 1991; Thüry 1995; Bender 1994; Weeber 1990; Thirgood 1981; Thommen 2012). また，ウィリアム・V. ハリスの編纂による『古代地中海の環境——科学と歴史のはざまで』[4-244](Harris ed. 2013)は重要な論文集である．

結び

環境史家の国際ネットワークは，急速に広がっている地域もあれば，浸透が遅い地域もある．それはいくつかの要因によるが，一つは以前から歴史学と歴史地理学の学者グループの間に交流があるかどうかである．もう一つは，活動的な環境運動があるか否かで，その運動の関心が環境史家の研究する論点に向けられているかどうかである．加えて大学や国家の構造が革新に開かれている

かどうかも確実に影響してきた．

　環境史の原点が，ヨーロッパとヨーロッパ列強の植民地支配にある一方で，学術的な領域として栄えたのはアメリカ合衆国の方が早かったことは事実である．そして，学者数や出版数においてもアメリカが優位なのは変わらず，他の国の研究についても触媒の役割を果たしてきた．ドナルド・ウースター，アルフレッド・クロスビー，ジョン・R.マクニール，ウィリアム・クロノン，キャロリン・マーチャントなど主要な学者は世界各地の環境史家に引用されている．しかし，これはアメリカ以外の環境史家がアメリカ合衆国の環境史家に批判的でないということではない．例えば，ラーマチャンドラ・グハなどのインドの学者たちは，アメリカの環境運動が原生自然つまり野生・荒野(wilderness)に執着しすぎていると考え，否定している．彼らは各地の地域共同体の重要性を強調しており，この点はアメリカの環境史に不足していると考えている．一部のアメリカの環境史家はこの評価を心に留め，先住民族やその他諸民族の役割を強調している．各地域や各国の環境史を形成してきた諸要素を同定,定義することについては，世界のいたるところで共通の関心があり，その結果様々な社会で，環境史を形成している理論と方法の一連の洞察が生まれている．これらの洞察はひるがえってアメリカ合衆国の環境史をも転換させている．地球上の多くのすばらしい場所で，まだ環境史家の共同体が形成されていないところがあれば，今後，成長可能な共同体の出現が期待される．

1) 第3回 ICEHO 会合，つまり世界環境史会議(World Congress of Environmental History: WCEH)は，2019年7月に，ブラジル，フロリアノーポリスで開催される．
2) 一般にオランダ国家として理解される地域は複雑な領域の歴史を有しており，15世紀末にはネーデルラントあるいは英語での Netherlands は複数の郡部から成り立っており，現在のオランダ，ベルギー，ルクセンブルク，そしてフランス北部のアルトワ，ノールとドイツの一部を含む地域にネーデルラント17州が存在した．その一つにホラント伯国というのがあり，1813年以降には，オランダ王国が成立し，その後も，現在のオランダ西部の海岸線に位置するホラント(Holland)は一地方として，北と南が区別されている．この地域特有の環境史的個性がこのような表現を生み出していると考える．
3) Triplex Cofinium というのはラテン語で三国国境を意味する．多くの紛争が起こりうるトリプルボーダーと同義であり，ここでは，ハンガリー帝国，ヴェネチア共和国そしてオスマン帝国の1500年頃から1800年頃にかけての国境線を意味する．この名称を冠する研究プロジェクトが，ハンガリーのブタペストにある中欧ヨーロッパ大学(Central European University)の歴史学部とザグレブ大学哲学部歴史学科クロアチア史研究所が主催し，オーストリアのグラーツ大学南東ヨーロッパ史学科が協賛し，運営された研究プロジェクトであった．

第5章
グローバル環境史

はじめに

　環境史研究を地球という惑星全体で行う必要があることは自明である．環境要因は，疫病の広がり，農業の技術革新の普及，そして人間の人口移動などによって，単一の文化や地域を越えて作用するもので，古い時代でさえもそうであった．地球規模での環境変化が加速化したのは近世・近代である．生態学的交換による変化を，探検家，貿易商人そして入植者たちがもたらしたからである．環境問題は，20世紀そして21世紀に入ってますます世界規模に拡大している．大気は汚染物質，放射性微粒子，そして火山灰をその排出源から各大陸へと拡散させ，また破壊的な嵐を媒介する．さらに，大気の化学的な構成と気温上昇は「温室効果」をもたらし，地球温暖化の原因となっている．地球の表面の10分の7は海洋で，沿岸地域や島々に影響を及ぼすだけでなく，地球全体の「究極の流し(吸収源)シンク」[5-1] (Tarr 1996の著作のタイトルを引用したものである) としての役割を果たしている．海洋は，水蒸気や二酸化炭素を含む気体を吸収あるいは排出し，その温度は大気の温度よりも地球温暖化に大きな影響を与えている可能性がある．多岐にわたる人間の活動は，もはや特定の生態系内(生態系は国境を越えるものであるが)に収まることは少なくなり，むしろどの国境も越えて広がる生物圏全体にわたって展開されることが多い．世界貿易は，ある国の土壌で生産された食糧のエネルギーが遠く離れた大陸で消費され，石油価格が与える影響がその掘削地から遥か彼方に広がることを確実にしている．遠隔地の需要は漁業資源の乱獲を促し，野生生物の多くの種を絶滅に瀕している状態か，完全な絶滅に追い込んでいる．これらの要因はすべて環境史の主題になりうるから，環境史家の中に世界史の規模で環境史を取り扱おうとする研究者がいることは当然の帰結である．しかし，それでもこのことはやはり困難をはらんでいる．というのも，たとえ地球が小さな惑星であるとしても，その

日本への輸出に向けたオーストラリア産木材の小片化作業．オーストラリアのタスマニア州ジョージタウンにて．自由貿易と世界市場経済によって，需要地点から遥か遠く離れた場所に環境影響が生まれる．筆者撮影(1996年)

住民の視点で測れば巨大な星で，生態学的に非常に多様であるからである．その多様性を正しく組み込みつつ，地球のすべてを網羅したり，一般的な言及をしたりすることはどの著者にとっても挑戦である．にもかかわらず，複数の環境史家が統合を試みている．

世界環境史の著作群

世界環境史は，環境史という主題を最も広範に捉えるアプローチで，境界線を消し，有効な比較や統合を提供する．また，最初に登場した環境史の類型の一つでもあった．

歴史と自然科学，特に生態学との間の相互作用は，世界環境史において無尽蔵の実りを生み出した．このことを主眼とした国際シンポジウムがプリンストン大学で開催されたのは1955年のことである．カール・O.ザウアー，マーストン・ベーツそしてルイス・マンホードが組織したこの学会の予稿集は『地球を変化させる人間の役割』[5-2](Thomas Jr. ed. 1956)と題され，ウィリアム・L.トーマス・Jr.が編纂に当たったが，後に大きな影響力を持つことになる．掲載された論文の主題の数々は地球全体に広がり，扱う時代も人類史を広く網

羅し,この後の研究で科学と歴史が結びつけられていくための基盤を形成した.この学会の影響を受けて行われた研究の一つにウィリアム・モア・ストラットン・ラッセルの『人間,自然,そして歴史』[5-3](Russell 1969)がある.多少初歩的であるにしても,1969年当時はこの分野における唯一の大学の教科書であったと言っても過言ではない.その後トーマス編の論文集に匹敵する論文集が出版されたのは1990年,B. L. ターナー二世他の編纂による『人間が転換させた地球——過去300年間の地球全体,そして地域的な生物圏の変化』[5-4](Turner, Clark, Kates, Richards, Mathews, and Meyer eds. 1990)であり,トーマスを超えている面もある.同論文集は,対象とする時代が18世紀から20世紀に限定されているものの,権威あるものであると同時にトーマスの編著よりも体系的である.

革新的な『コロンブスの交換』[5-5](Crosby 1972)を含むアルフレッド・クロスビーの初期の作品は,医学・生態科学を歴史に関連づけ,ヨーロッパ人とその家畜や栽培種,そしてヨーロッパ人にはすでに抵抗力があった疾病が両アメリカ大陸に与えた生態学的な衝撃を論証した.彼はその後さらに視野を広げ,『生態学的帝国主義』[5-6](Crosby 2004, 1st edn. 1986; また Crosby 1994 を参照)において,ヨーロッパ人が「旅行カバンの生物相」をそれまでは孤立した離島だった各地の温帯の「新ヨーロッパ」に運びこみ,人口構成を塗り替えたことを示した[1].

今世紀になるまで,多様な世界の環境史を書こうとする歴史家はあまり多くなかった.この分野で素描がなされるようになったのは比較的最近のことであるが,この主題の壮大さからいっても驚くことではない.世界全体の環境史を書く初期の試みである『人類と母なる地球』[5-7](Toynbee 1976)は,著者アーノルド・ヨゼフ・トインビーが亡くなったため未完に終わった.この作品は,複数の欠点を抱えており,その中でも最も重要な点は現代史がぞんざいに扱われたことである.表題で期待を抱かせ,序論部分では生態学を真剣に取り扱っているにもかかわらず,残念ながらほとんどの部分において従来型の政治文化的な叙述に終始しており,彼の以前の著作での考察が繰り返されていた.しかし,試みとしては評価するべきであろう.トインビーは晩年になって,著書『歴史の研究』[5-8](Toynbee 1934-61)で生態学的過程の役割を蔑ろにしていた

ことに気づき，未完の著書はその修正を図ろうとした努力の表れだったのかもしれない．

　ダーラム大学の地理学者として 2001 年に退職するまで勤めた I. G. シモンズは，複数の本で堅固な科学的情報に基づいて図式的に世界の環境史を考察している．例えば，『地表を変化させる──文化，環境，歴史』と『環境史──簡単な入門書』である[5-9](Simmons 1989; Simmons 1993)．2008 年には，『地球環境史』[5-10](Simmons 2008)においてこの主題に真っ向から立ち向かっている．地理学という領域では，研究者がおそらく，歴史家よりも世界全体で歴史を見ることに躊躇しない傾向にある．他にも同様の研究をしている地理学者には，『自然環境に与えた人間の影響』[5-11](Goudie 1990)を書いたアンドリュー・グーディや，『地球大の環境変化──一つの自然・文化史』[5-12](Manion 1991)を著したアネッテ・マニオンがいる．オーストラリア人であるスティーヴン・ボイデンの『生命誌──人間社会と生物相の相互作用』[5-13](Boyden 1992)もある．

　ジャレド・ダイアモンドは複数の分野の専門家で，本人の主張によると環境史家でもある．ダイアモンドは，『銃・病原菌・鉄──1 万 3000 年にわたる人類史の謎』[5-14](Diamond 1997)，そして『文明崩壊──滅亡と存続の命運を分けるもの』[5-15](Diamond 2005b)において地勢や生物相が歴史に与えてきた影響，そして人間文化の多様な応答について，太古の時代から扱っている．これらの本は人を引きつけるように書かれており，この分野の本では珍しく何週間も新聞のベストセラーの一覧に載っていた．数ある環境史の本の中で最も広く一般の人々に読まれている本で，本質的な内容はもちろんのこと，広い読者層の点でも注目に値する．『銃・病原菌・鉄』の中でダイアモンドは，なぜ技術的に進歩した文明は一部の社会においてしか登場せず，他の社会では登場しなかったのかということを問いかけている．彼は，ある民族が他の民族より知的で独創的であるという考え方を否定した．というのも，平均的な知性はほとんどの人間集団で変わらないため，答えは地形と環境の違いにあるとした．これらの違いの中には，家畜化または栽培品種化できる動植物の存在，そしてそれらに適応できる耕作可能な大陸上の土地が，（家畜化または栽培品種化された品種は同じ緯度に拡散することを前提に）南北よりも東西にどの程度広がっているかが

含まれる．多くの評論家はこの議論を環境決定論とみなした．『文明崩壊』は，そのような非難に対するダイアモンドの反論と見ることができる．同書において彼は新たな問いを投げかける．「なぜ社会によって失敗や成功を選ぶことになるのか」．ダイアモンドは文明崩壊の理由を，気候変動，敵意を持つ隣接社会の存在，交易相手，環境問題，そして環境問題に対する社会の対応の五つの範疇に分けている．社会が「選択」できるのは最後の範疇であり，その場合，結末を完全に決めるのは環境ではない．ダイアモンドは，二つの社会が同じ時代に同じような場所に存在し，一方は失敗し，他方は成功した例をいくつか挙げている．例えば，グリーンランドのノルマン人とイヌイット，そしてイスパニョーラ島のハイチとドミニカ共和国である．イースター島(ラパ・ヌイ Rapa Nui)とティコピアは，両方とも太平洋の島のポリネシア社会であるが，さらなる疑問を投げかける．イースター島はその住民が木々を伐採したことによって裸にされ，人口減少を経験したが，ティコピアは人口を維持し，依然として木に覆われている．ダイアモンドと仲間のベリー・ロレットは，太平洋諸島で森林劣化が起こる可能性に影響する九つの環境要因を同定したが，ティコピアはラパ・ヌイより九つのうち五つにおいて優れているようだ．イースター島はほぼ全九要素について下限近くであった．環境面での不利なカードが高く積まれていたのだとしたら，本当にイースター島の人々は失敗を「選択」したと言えるのだろうか．対照的に，ティコピアの富と宗教は豚を基盤としていたが，それにもかかわらず，豚が小さな島の資源を消費し尽くしていたので，豚をすべて処分することを選択したのである．イースター島の人々の名声と宗教は，巨大な石像を立てることに基づいていたので，島民はその大きな石像の移動に使われる木の幹が無くなるまで立て続けた．なぜ，ある民族は直面している問題に気づきその緩和のために行動し，別の民族はそれをしないのだろうか．ダイアモンドはいくつかの回答を熟考している．決定的な答えの提示はできていないとしても，彼がこの問いを投げかけたことには感謝すべきである．ダイアモンドの主張に非常に批判的な小論集として2009年に出版された『文明崩壊を問う』[5-16](McAnany and Yoffee eds. 2009)がある．

クライブ・ポンティングの『緑の世界史』[5-17](Ponting 1991)も有名で，入手しやすい．同書は歴史を通して起こった環境問題を概観するが，環境史の寓

モアイ像．古代の像は花崗岩で作られている．10 メートル（30 フィート）の高さがある．チリ，イースター島（ラパ・ヌイ），アフ・トンガリキ．筆者撮影（2002 年）

話としてイースター島の生態系の破壊を取り上げることから始め，まずは年代順に叙述を進め，次は話題ごとに記している．ポンティングはほとんどの主要なテーマに触れ，その幅広い知識は印象的であるが，報道記事のような文体で，脚注がなく，巻末注や文献目録の代わりに簡単な「さらなる読み物の紹介」があるのみであるという点で文献整理・参照が不十分である．

挑戦的な観点で世界の環境史を書いている学者の著作は有益である．スカンディナビアの歴史家たちは世界環境史の文献に寄与してきた[5-18]（Cioc, Linnér, and Osborn 2000 これは示唆的な概略であり，本節は同書を基礎としている）．1998 年には，スヴェルカー・ゾーリンとアンデルス・エッカーマンが有効な地球環境史のあらましを書いている．『地球は一つの島——地球大の環境史』[5-19]（Sörlin and Öckerman 1998）と題したこの本は主に現代に焦点を当てている．ヒルデ・イプセンは，様々な形で存在する人間社会とその環境の間の生態学的相互作用の歴史を解釈するために「エコロジカル・フットプリント」という概念[2]を用いた[5-20]（Ibsen 1997）．

21 世紀の初めに二つの世界環境史が登場した．ドイツのビーレフェルト大学教授ヨアヒム・ラートカウは，2000 年に『自然と権力——環境の世界史』[5-21]（Radkau 2000/2008）[3]を書いた．同書は，歴史学全般が精通している主題の文脈に環境史を置いており，先史時代の狩猟集団からグローバル化と現代政治

における環境安全保障(または危機)に至るまで，様々な話題について，知的かつ徹底的に議論しており，全体として均衡が取れている．

ラートカウの本が出版されて間もなく，本書の著者であるJ.ドナルド・ヒューズは『世界についての一つの環境史——人類の変化する役割を生命の共同体に見る』[5-22](Hughes 2001b)を出版した．私の本は，時系列に沿って古代から現代までを一気に扱う．各章の序論で大きく切り取った歴史上の時代について概説し，続いて特定の時期や場所について事例研究を複数取り上げる構成になっている．私のアプローチは，それぞれの人間社会とその人間社会が所属する生態系の間の相互の関係性を強調し，人間の行為の帰結であることが多い環境の諸変化が，どのように様々な人間社会に歴史的傾向をもたらしてきたかを研究している．20世紀を扱う各章では，飛躍的な成長を遂げた人口と技術が与えた物理的な衝撃と，それに対する人間の様々な反応を議論する．自然に対する道徳的な義務，そして技術と環境の間の持続可能な均衡のあり方という難問も検討している．

社会学者のシン・C.チューは，『世界の生態の衰退』[5-23](Chew 2001)で，最初の都市群が登場してから現代に至るまでの5,000年以上にわたる環境史を書いている．これが多くの環境史家が「衰退論者の物語」と呼ぶものであるが，チューは「都市化した社会は，どこでも，いつの時代にも，環境を消耗してきた」と明確に述べ，これを固持している．チューの主張によると，破壊の最も強力な原動力は，蓄積，都市化そして人口成長である．彼が示す「蓄積」において獲得される富というのは，金融資本の形だけでなく，自然環境の多様な資源から取り出されるすべての物質的諸相を含んでいる．そして，それらを使い果たしてしまうことを回避できない．都市化は資源の集約的な利用に人々を駆り立て，人口成長は，蓄積と都市化の現象を悪化させ，環境負荷を増大させる．数ある生態学的劣化の過程の中でチューが詳細に扱っているのは森林劣化である．この現象は，火の発見から現在に至るまで起こっていて，記録も測定も可能であるので，すばらしい選択である．さらに森林劣化は，それに伴って起こる洪水，侵食，生息地の喪失，生態系の破壊など他の環境劣化の代理指標になりうる．チューの分析における独創的な要素は，「暗黒の時代」は各文化がそれぞれに利用可能な資源を枯渇させてしまった帰結だという考え方である．文

ギリシア，テサリーのペニオス川の網状の河川は，古代から続く上流部の森林劣化によって起こった侵食の結果である．筆者撮影(1966年)

明にとっては悲惨な時代であるが，「暗黒の時代」は自然にとっては回復の機会である．社会の支配層による環境の破壊に反対する個人や集団はこれまでにも多数いた．彼らはなぜ人類がこれまで経験してきた「多様な環境劣化との遭遇」を避けるように教えなかったのだろうか．チューは，これは社会が「最大利益のための資源の最大活用」に専念する集団に支配されていること，そして人間の不合理さによると考えている[5-24](Chew 2001: 172)．

スティーヴン・モスリーは『世界史における環境』[5-25](Mosley 2010)で，環境変化の主要な諸過程において，事例研究が可能な狩猟，森林，土壌，そして都市などの話題を検討している．1600年から2010年の期間に注目して簡潔にまとめられた同書は，世界史の授業で教材として使うことができるだろう．ロバート・B.マークスは，2010年に世界環境史を扱った6本の重要な著作について辛辣な評論を書いているが，その中で行われる比較が興味深い[5-26](Marks 2010)．

多くの論文集が世界環境史に関して登場している．環境史という区分の特徴からしても，歴史家に混ざって他の学術領域の著者たちの論文が掲載されることは確実である．先史時代から現代までの様々な時代について書いた論文を集めたレスター・J.ビルスキーの『歴史的生態学——環境と社会変化の論文集』[5-27](Bilsky ed. 1980)もその良い例である．ドナルド・ウースターの『地球の

第 5 章　グローバル環境史

様々な終わり方』[5-28](Worster ed. 1988a; b)についてもある程度同様に言える．この厳選された論文集には，人口，産業革命，インド，アフリカ，ソヴィエト連邦，そして 3 本のアメリカ合衆国を扱った論文が収録されており，さらにウースターによる有効な序論と，広く引用されている補論「環境史をする」[5-29](Worster 1988a: 289-308)によって構成されている．J. ドナルド・ヒューズ編の『地表——環境と世界史』[5-30](Hughes ed. 2000a)には，生物多様性，そしてアメリカ合衆国，太平洋諸国，オーストラリア，ロシア，インドにおける環境的人種差別に関する論文が収録されているが，すべて歴史家によるものである．主に現代について書かれているが，現代に限定されているわけではない．ジャン・オーストークとベリー・K. ギリスが編纂した論文集『グローバル化する環境の危機』[5-31](Oosthoek and Gills eds. 2008)では，著者がそれぞれ真に表題の主題を検討している．エドモンド・バークとケネス・ポメランツ編『環境と世界史』[5-32](Burke and Pomeranz eds. 2009)は有名な著者の論文を収録している．ティモ・ミリンタスは『環境を通して考える——世界史への緑のアプローチ』[5-33](Myllyntaus ed. 2011)を編纂している．ジョン・R. マクニールとアラン・ロー編『地球の環境史』[5-34](McNeill and Roe eds. 2013)には，1989 年から 2010 年の間に他の発行元から出版された傑出した論文が収録されており，その副題が示唆するように入門的な読み物として非常に適している．エリカ・M. ボーメック，デイヴィッド・キンケラそしてマーク・ローレンスが編集した論文集は，国民国家には世界規模の環境問題に効果的に対処する能力がないという考えを話題にしている[5-35](Baumek, Kinkela, and Lawrence eds. 2013)．

　多くの分野の代表的な著者による論文が集められているジョン・R. マクニールとエリン・スチュワート・モウルディン編『必携　世界環境史』[5-36](McNeill and Mauldin eds. 2012)は非常に有効である．同書では，各節において世界各地の学者が，世界環境史における時間，地理，主題，そして文脈の各側面を考察している．世界環境史の作品について優れた研究史的な議論を展開したアルフ・ホーンボークの論文は，2010 年にフェルナン・ブローデル・センターの『評論』Review に掲載された[5-37](Hornborg 2010)．

　世界の環境史を特定の時代の枠組みで捉える研究も登場している．最近出版された中で最も優れているのは，前世紀の歴史を扱うジョン・R. マクニール

による『太陽の下で何か新しい(20世紀環境史)』[4][5-38](McNeill 2000)である．同書は，20世紀の世界環境史に関する初めての体系的な概説書である．マクニールは，各時代の環境変化と関連する社会変化を追跡するが，その変化は規模，そして多くの場合種類も固有で，その時代を特徴づけるものとなっている．マクニールの主張では，20世紀は，「人類がそのような意図は全くなくとも，巨大で制御されていない実験を開始した」という意味で，程度だけでなく種類においてもその前のどの時代とも異なっていたのである[5-39](McNeill 2000: 4)．20世紀を理解するために過去の時代を見る必要がある場合，マクニールは簡潔にその背景を提示している．彼は，現代文化は豊富な資源，化石燃料によるエネルギー，そして急速な経済成長，すなわち状況が変わっても簡単には変化できないやり方に適応しており，にもかかわらず20世紀における人間経済の行動は変化の不可避性を増大させてきたと説明する．化石燃料を基盤とするエネルギーシステムへの転換，急速な人口増加，そして経済成長と軍事力の信奉が変化の原動力となっているとしている．マクニールは世界経済の統合に関する節も設け，鋭い論考を展開している．この本はいまや環境史の古典となっている．

環境史の一時代を扱った他の研究では，ジョン・F. リチャーズの『終わりのない辺境——近世世界の環境史』[5-40](Richards 2003)が15世紀から18世紀の時代を扱っている．リチャーズは「辺境」とは様々な環境変化が最も急速に起こっていたところだと強調している．同書は，世界で突出する様式や形式は，ヨーロッパ人がヨーロッパの外部世界のほとんどの地域に拡大し，ヨーロッパ，インド，そして東アジアにおける人々の組織化の進展に伴って出現したと主張している．我々の気候史に関する知識の状態を論考する章があるが，ちょうどこの時期は小氷河期に当たる．リチャーズは地理学的な設定，生物学的な諸要素，先住民族（ただし，無力な犠牲者として描くのでも，環境に優しい聖徒として描くのでもない），さらにヨーロッパ人と彼らが伝えた家畜，栽培品種，そして病原体の適応を特に重視している．最後の節は「世界狩り」としてまとめられており，ヨーロッパ人が有機的資源を求めて世界をさまよい，無尽蔵にあるものとみなして取り扱ったために，近世の始まりには非常に豊富で多様であった野生生物を大幅に衰退させ，時代の終わりにはその名残程度にしか残っていなかっ

た様子を概観している．リチャーズは，その「狩り」から得られた経済的利益と，種の移動や消滅によって引き起こされた様々な環境変化を指摘した．この充実した一冊はマクニールの20世紀環境史と並び，補完しあう関係にある．両者を合わせると現代世界のほとんどを網羅できるが19世紀の環境史が欠けているので，それがあれば両者の橋渡しができるだろう．マクニールもリチャーズも，叙述した時代の世界は，人間の経済活動が環境に及ぼす影響の点で前例のないものだと指摘しており，両者とも正しい．

ロバート・マークスの『多様な起源のある現代世界』[5-41]（Marks 2015）は，世界環境史に新しい観点をもたらした．1400年から1850年にかけての近世と近代を扱う中で，マークスは通常の見方を逆転させ，ヨーロッパの代わりに中国を中心に据えている．この観点からは，「西洋の勃興」は，必然的に起こったのではなく，またヨーロッパ固有の優位性の結果でもなく，「一部の国家や民族が，いかにして歴史的に偶発的な事象や地勢の恩恵を受けた結果として，ある時点で（歴史的な巡り合わせによって），他国や他民族を支配し，富と権力を蓄積することができたかという物語」なのである[5-42]（Marks 2015: 160）．

世界的に重要な話題の数々

別の本の分類として挙げられるのは，対象の範囲が世界規模であるが，特別な主題を扱う研究や論文集である．例えば，世界の森林史を扱う著作である．単著として，マイケル・ウィリアムズの『森林が劣化する地球』[5-43]（Williams 2003）は権威ある最高傑作であり，世界の各大陸や島々の森林に人間が与えてきた影響の歴史的過程を説明する．ウィリアムズには，詳細な記述によって物語に命を吹き込む才がある．例えば彼は，砂糖産業の燃料需要が17世紀の西インド諸島における森林劣化につながったとただ書くだけではなく，バルバドスが，島にはもはや木がなかったためにイングランドに砂糖を煮詰めるための石炭を要求したことを報告している．また，熱帯雨林の破壊を広く周知するためにアメリカ合衆国で展開された運動を描く際に，カリフォルニア州ビバリーヒルズのハードロックカフェの上に電光掲示板が掲げられていたのを思い起こしている．その掲示板は，ゼロに向かって点滅する熱帯雨林の面積を

示していた[5-44]（Williams 2003: 221, 446）．世界の森林に関する優れた論文集に，リチャード・P. タッカーとジョン・F. リチャーズ編『地球規模の森林劣化と19世紀の世界経済』[5-45]（Tucker and Richards eds. 1983）や，レスリー・E. スポンセル，トーマス・N. ヘッドランド，そしてロバート・C. ベイリーの編纂による『熱帯林の劣化――人間の関わりとは』[5-46]（Sponsel, Headland, and Bailey eds. 1996）がある．

　火の歴史については，スティーヴン・J. パインが火事をテーマに世界のいくつかの地域を選んで一連の優れた著作を「循環する火」と題したシリーズにまとめている．また，『火――一つの短い歴史』や『世界の火――地球の火の文化』などの概観も書いている[5-47]（Pyne 2001; Pyne 2010 パインはまた，火を主題に多くの地域研究をしている）．この本は単なる森林火災の歴史を超えるもので，人間が様々な姿の火という要素とどのように関わってきたかについての世界史である．火は，地質学的な諸時代の起源から，情報革命や世界の市場経済の動力となっている先端技術の火力まで多様に姿を変えてきた．パインは，1666年のロンドン〔大火〕や1906年のサンフランシスコ〔地震〕を例に構築環境が燃料とされた諸都市も扱っている．彼は火の技術について，冶金の炭から火薬，蒸気機関，そして20世紀の化石燃料までを解明し，料理術や，ヘラクレイトスの火の哲学，京都議定書などについてもそれぞれにふさわしい文脈で言及する．結びに新世紀における火の見通しを示している．パインの方法は学術をわかりやすく提供する本質を突いている．

　気候については，ジョン・L. ブルックが人類史との統合を含め，気候の「大きな歴史」を提供している[5-48]（Brooke 2014）．ヴォルフガング・ベーリンガーの『気候の文化史』[5-49]（Behringer 2009）もすばらしい．リチャード・H. グローヴとジョン・チャペルの興味深い本『エルニーニョ――歴史と危機』[5-50]（Grove and Chappell eds. 2000）では，一般的にエルニーニョ（そして，逆に海面水温が下がるラニーニャ）と呼ばれる海流の振動と昇温が人類史に及ぼす世界的な影響を研究する．エルニーニョそのものは太平洋で起こる一つの現象であるが，同書の著者らは，同様の振動が北大西洋や南アジアの季節風にも認められることを含め，それが世界規模のシステムとつながっていることを指摘する．またこれらの現象は，食糧不足や，その結果引き起こされる政府の倒壊の帰結

としての経済危機などの歴史的出来事をもたらす原因として研究されている.

世界環境史の分野の一つの主題として，帝国主義の環境影響が挙げられる.アルフレッド・W. クロスビーの『生態学的帝国主義』[5-51] (Crosby 2004, 1st edn. 1986)はすでに前に取り上げた.よく知られた,評判にふさわしい傑作である.リチャード・H.グローヴの『緑の帝国主義』[5-52] (Grove 1995)も画期的な著作で,現代の生態学的思考,保全主義そして環境史の起源を,近世のフランス,英国そしてオランダという海洋帝国の公務員であった,医療科学者や生物学者を中心とした専門家集団にまで遡って探求した.グローヴはさらに環境の思考の形成における島々の重要性を指摘する.というのも,島は規模が小さいために人間のあらゆる行為が文化的景観に及ぼす様々な影響を相対的に早く認識できるからである.ウィリアム・ビーナルトとロッテ・ヒューズによる『環境と帝国』[5-53] (Beinart and Hughes 2009)は,広範な研究に基づいて現代ヨーロッパの帝国主義を素描している.ピーダー・アンカーの『帝国の生態学』[5-54] (Anker 2001)は,1895年から1945年の時代について同じ主題を追っており,まだ駆け出しだった科学である生態学に重点を置いている.アンカーは,帝国の財政支援者たちが自然と先住民族の文化を支配するための科学的な手段を求めていたために生態学が飛躍的に発展したと主張している.リチャード・ドレイトンの『自然の統治』[5-55] (Drayton 2000)も,1903年までの大英帝国において科学は帝国主義と人種差別主義の道具であったと捉え,加えてルネサンスを越えて古代ギリシアのアリストテレスやテオフラストスまで遡って哲学的な背景を示している.ドレイトンはさらに,英国の庇護のもと世界を「改善」する植物園の役割,特に壮大な英国ロンドンのキュー王立植物園の役割を強調している.関連する主題を扱った研究が,それ自体が植民地の世界であったインドでも行われており,ディーパック・クマールの『科学と統治——1857年〜1905年』[5-56] (Kumar 1995)がある.ジョン・M.マッケンジーの『自然の帝国そして帝国の自然——帝国主義,スコットランドそして環境』[5-57] (MacKenzie 1997)は,大英帝国の環境物語においてスコットランドやスコットランド人が果たした重要な役割を研究している.トム・グリフィスとリビー・ロビンによって編纂された『生態学と帝国——植民社会の環境史』[5-58] (Griffiths and Robin eds. 1997)は帝国主義と環境に関する優れた論文集である.

多くの人が「アメリカ帝国」と呼ぶものの環境への影響は，アメリカ合衆国の直接管理をはるかに越えた地域にまで及ぶ．リチャード・P. タッカーは，『飽くなき食欲――アメリカ合衆国と生態学的に衰退する熱帯世界』[5-59] (Tucker 2000) においてこの主題を 1890 年代から 1960 年代について取り上げ，十分に立証している．タッカーは，アメリカの経済界と政府が地球上の温暖な地域に及ぼしてきた重要な影響の有り様を様々に描写した．同書は，開発された再生可能な生物資源の種類ごとに整理されており，砂糖，バナナ，コーヒー，ゴム，牛肉そして材木のそれぞれについて章が設けられている．重点的に扱われている地理的な地域は，ラテンアメリカと，ハワイ，フィリピン，インドネシアを含む太平洋諸島，そして西アフリカのリベリアである．タッカーは，開発のほとんどがいかに持続性のないものであったか，そして，森林劣化，種の喪失，土壌や作付け体系の不安定化，村民や森の住民などの人々に影響を及ぼすその他の環境破壊を含む生物相の劣化を説明している．著者は偏りのないアプローチで研究を進めているが，その全体像は開発によって生態学的破壊が引き起こされたという構図になっている．

　トーマス・ダンラップは『自然と英国人の離散』[5-60] (Dunlap 1999) で革新的な捉え方をしており，クロスビーの言葉を借りて言えば，英国と「新英国群」（カナダ，アメリカ合衆国，オーストラリア，ニュージーランド）の環境史を書いている．同書はこれらの 4 カ国における自然についての考え方・捉え方の比較史で，「生来の自然」に始まり，自然史，生態学そして環境主義に至るまでを扱う．

多様な環境運動

　環境運動の世界史もこれまでに複数書かれている．ティモシー・ドイルとシェリリン・マクレガーの編纂による『世界中のいろいろな環境運動』[5-61] (Doyle and MacGregor eds. 2013) は，2 巻本で包括的な著作である．ラーマチャンドラ・グハは，『環境主義――地球大の歴史』[5-62] (Guha 2000) でインド，アメリカ合衆国，ヨーロッパ，ブラジル，ソヴィエト連邦，中国そして世界各地における環境に関する目標と運動の共通点や相違点を比較する．グハの取り扱っている環境主義は，民族主義的なルーラリズム（田園回帰主義運動）から社会生

態学まで，そしてウェルギリウスからノーベル賞受賞者のワンガリ・マータイまでと幅広い．

近年，国連環境計画(UNEP)をはじめとする，保全や持続可能な開発に関する政府系・非政府系両方の国際機関の設立は，歴史家たちに新しい領域を切り開いた．ジョン・マコーミックの『再生する楽園——地球環境運動全史』[5-63](McCormick 1989)は，1冊の本の長さを要した著者の研究をまとめている．マコーミックは同書で，1945年の国際連合の設立から1987年のブルントランド委員会報告の発表までの，環境運動の国際的側面を強調した．キャロリン・マーチャントの『急進的生態学(ラディカルエコロジー)——住みよい世界を求めて』[5-64](Merchant 1992)は，技術面あるいは財政面の修正は，地球規模の環境問題や環境意識が要求するより深い変化に応えていないことを主題にしている．同書は，ディープエコロジー，社会生態学，緑の政治，そしてエコフェミニズムについて節を設けており，「アースファースト！」，チプコ〔・アンドラン〕，そして先住民族による熱帯雨林の保護活動グループなど現代の実践主義の様々な運動について説明している．

世界史の教科書群

環境史は世界史の教科書の中でその重要性をますます強めている．ジョン・R.マクニールは，人間と環境の関係の様々なあり方は20世紀の歴史において最も重要な観点であると主張している[5-65](McNeill 2000: 3)．また，たとえその意識がなかったとしても，このことはそれ以前の世紀においても比較的正しいと考えている．20世紀の世界史の教科書はどれも環境問題にほとんど注意を払わず，考慮される可能性があったとしても，それは先史や20世紀後半を扱う章で触れられる程度であった．しかし現在では，教科書の共著者に名前を連ねる環境史家が増えており，(すべてではないが)一部の教科書では環境史家の見方が通史的に反映されていることを証明する材料もある．これらの教科書は学士課程の学生への教育において非常に重要である．世界史の教師として心から推薦できるような教科書を見つけることができなかったが，最近は改善が見られるようになった．毎年新版がいくつか出ているため，教師たちはそれらを

渉猟し，最善の選択をしなければならない．

　事実上，最近はすべての世界史の教科書が「発展・展開・開発・成長」(development, 以下，ディベロプメント)を主題にしている．この言葉はあらゆるところに現れる．例えば，「文明化のディベロプメント(展開)」といった具合である[5-66](Carroll Jr. et al. 1962 これは一つの例である．この言葉は何気なく使われればもちろん論駁されるが，修辞的な分析でも，また政治的な討議で「開発」が使われる場合も反駁されるかもしれない．Killingsworth and Palmer 1992 は，特に9頁において，「開発主義者」は短期的な経済的利益を求め，長期の環境面でのコストを考慮しないと定義している)．この言葉はほとんど定義されることもなければ，組織原則として掲げられている時も議論されることがない．疑いもない善として受け入れられている．典型的に語られるのは，人類がある水準の経済的または社会的な組織の段階から次の段階に進んだという成功話である．「ディベロプメント」が定義されなくとも，技術の進歩によって導かれる経済成長を意味することは明確である．たとえ，数々の世界史の教科書が芸術や科学の業績を叙述しても，ディベロプメントの最終目的は，明らかにホメロス以上のすばらしい文献でもなければ，ラスコーを超える絵画でもなく，アインシュタインを超える物理の発見でさえもない．目指すのは，工場やエネルギー施設の建設，金融機関の設立，そして増大し続ける，地球資源の人間のための利用である．そして環境に関しては，ディベロプメントの物語は，生のある世界と生のない世界の存在を無視していることがほとんどである．ある国家がディベロプメントという点で成功するには，多様な自然資源を利用し，森林を木材資源に転換し，石炭や鉄鉱石の鉱脈は鉄鋼に変えなければならない．その過程で，大気の汚染は進み，河川には侵食により排出されたものや廃棄物が蓄積する．環境主義者も開発論者も同様に，環境を守ることは発展を制限することであり，発展するということは，たとえ避けられないわけではないのだとしても，通常は環境を劣化させることであると思い込んでいる．人類は発展と環境が両立しないと認識しつつも，両方の善の実現を求めているようである．新しい物語が世界史で語られるなら，生態学的過程は主題として据えられなければならない．そして，人間の事象はそれらが実際に起こっているその文脈内，すなわち生態圏からはみ出ないようにしなければならない．世界史の物語には，偏りなく正確であろうとす

第5章　グローバル環境史

るならば，避けられないことがある．自然環境，そして自然環境がいかに人間の行動に無数の影響を与え，また無数の影響を受けてきたかを考えることである．生態学的な過程というのは一つの動態的な考え方である．それは，人間と自然環境の相互関係が継続的な変化を続けていることを示唆し，その変化は肯定的なものもあれば，破壊的なものもある．これらの変化は，人類と自然が立たされている苦境を説明するために，生態科学が必要なのと同様に環境史が必要であることを示す．

結　び

最後に，世界環境史を語る歴史家たちは将来，世界の市場経済の背景とそれが地球環境に与える様々な影響を説明する必要に迫られることが多くなるであろう．持続可能な開発という運動の名の下に，超国家的な様々な手段によって，自然を守ること(conservation)つまり保護と保全は脅かされ押さえこまれようとしている．というのも，持続可能な開発の正体は経済成長の制限を全く想定していないからである．このような傾向に批判的な環境経済学者の著作が増えており，ロバート・コンスタンツァ，ハーマン・E. デイリー，ヒラリー・フレンチそしてジェイムズ・オコナーなどの研究はその例である[5-67]（Daly 2010; Costanza, Cumberland, Daly, Goodland, and Norgaard 1997; Prugh, Costanza, Cumberland, Daly, Goodland, and Norgaard 1999; その他 French 2000; O'Connor 1994; O'Connor 1998c)．国際的な景観を主題とする歴史家にとって，自由貿易体制が人間社会と生態圏に及ぼしてきた影響の綿密な調査を行うことは難しく，これらの文献は，これまで長く必要とされてきた情報を提供してくれた．生態経済学系の優れた論文集として，ジョン・R. マクニール，ホセ・アウグスト・パドゥアそしてマヘシュ・ランガラヤン編『環境史——あたかも自然が存在したかのように』[5-68]（McNeill, Pádua, and Rangarajan eds. 2010c)が挙げられる．21世紀にはこれが環境史を主導する主題となることが期待される．

---

1) demographic takeovers の訳である．通常，demography は一般に人口学と訳されるが，広く人口現象を叙述することを意味する．つまり，人口学的乗っ取りとは，出生率，死亡率，

105

婚姻率などの人口学的諸統計の相関による人口再生産つまり demography による乗っ取りを意味する.
2) 環境経済学においても定着しているこの概念は人間の環境への影響力を計量化することにその重きがあるが，イプセンはこの用語を環境史に関する歴史的叙述において使用している.
3) このドイツ語で書かれた著作の英訳は 2008 年に出版されている. 英文の著作が公刊されるまでの間 8 年間とはいえ，環境史に関する考え方の変化あるいは同時に進めていたラートカウのもう一つの顔であるマックス・ヴェーバー研究の帰結として，彼は英文の序論において，ヴェーバーが極めて多岐にわたって人間の内的自然への真摯な問いかけをしたことにより，彼の多方面にわたる著作が成立していると主張している.
4) 同書のタイトルである *Something New Under the Sun* は，聖書にある「この世に新しいものは何もない」という言葉を逆手にとった表現であると訳者あとがきで触れられている（訳書, 289 頁）.

第6章
環境史における多様な論点と方向性

はじめに

　環境を最優先に考える「環境主義」，専門性を重視する「専門主義」，脱近代をめざす「脱近代主義」，さらに新古典派的経済学ではない政治経済学志向が問題とされてきたほか，環境衰退論，環境決定論，そして人間や外的要因が自然に及ぼす影響力を相対的に重視する主張などを主要な解説的見解としていることを理由に，環境史は批判されてきた．このことは環境史家を悩ませ，分断させている．これらの論点をめぐる論争が弱まることはなさそうで，むしろ十中八九，新たな論点が次々に浮かび上がりそうだ．以下にいくつかの論点を取り上げるが，これらは決して網羅的ではない．論文集で幅広く多様な話題と方向性を扱っているものとして，記念碑的な『オックスフォードの手引書——環境史』[6-1] (Isenberg ed. 2014) を薦めたい．

専門主義

　1980年代以降の環境史研究の分野を見て，今後も続く可能性の高いいくつかの傾向があることに気づいた．専門主義は，他のほとんどの学者世界でもそうであるように，環境史においても躍進している．環境史家は，他の歴史家よりは学際的な研究に従事しているものの，今やより一層厳格に歴史家である．これは，環境史が歴史学の中で下位区分としてかなりの程度まで受け入れられたことにも表れているが，このように認められたことで自己満足に甘んじてしまわないことを期待する．本質的に学際的な学問である環境史そのものにとっても健全ではないであろう．というのも，環境史は異なる分野の学者の交流から刺激されたことによって誕生したからである．環境史を生み出した努力に組み込まれた人間の知識形態には，よく知られた自然科学と人文科学の文化的な

溝を隔てて対峙する学問分野のものも含まれていたことを考えると，当初の勢いある努力を蘇らせるのは難しいかもしれない[6-2](Worster 1996)．しかし，専門化の孤島に置き去りにされることを避けるならば，それは免れえない．また，歴史家としての訓練を元々受けていない者には環境史家として認められるような仕事はできないと感じている人がいるならば，それは残念である．スティーヴン・パインは，アメリカ環境史学会の学会長であった際に，他の学問分野との交流を歓迎して次のように述べていた[6-3](Pyne 2005: 72)．

> アメリカ環境史学会の会員が「環境史」を語る場合，彼らは歴史学を専門とする歴史家たちによって書かれた歴史を念頭に置いている．それは典型的には当学会における活動であり，場合によってはパブリックな歴史家として派遣されて行う研究であろう．しかし，環境というのは，非常に多くの学者たちを引きつけ，その中では環境を歴史的に捉えようとする学者が増えている．人類学者，地理学者，考古学者，林学者——あらゆる学問の様々な学者が歴史と自然の間の結合の強さを自身の研究に組み入れたり，あるいは再発見したりしている．生態学でさえ，たとえ不承不承であっても地質学のように，歴史的な科学になりつつある．それぞれの集団は独自に対象を定義し，他分野による方法論をめぐる空騒ぎには耳を傾けない．全体として彼らは，環境史という課題に立ち向かい補完をし，学問として広く定着する機会を与えている．

これまでの章で概観し紹介してきた著作から十分わかるであろう．最も優れた環境史の多くは歴史家ではない研究者によって書かれている．環境史が大きな恩義を感じるべきは歴史地理学者，生態学者そして他の専門分野の研究者たちに対してであろう．

唱　道

環境史の最近の著作を見ていると，1960年代や70年代に比べて環境擁護運動の要素が薄まっていることを感じる．ジョン・オーピーがかつてそれを「擁

護(唱道)という妖怪」と呼んでいたのは，環境史家は，歴史家の学問世界で環境主義者の視点を提唱するだろうと，懐疑的に見られていたからである[6-4](Opie 1983)．この観察は部分的には正しかったかもしれない．個人的に市民としてインディアナ砂丘やグランド・キャニオンの保護に向けた地域的な運動，そして汚染に対する全国規模の運動や世界自然保護基金のような国際的な非政府組織に参加してきた環境史家もいる．2000年頃からは，多くの環境史家が声を大にして地球温暖化に関連する問題に関心を抱いてきた．しかし，環境史家たちは最初から，この問題に傾倒するにしても歴史学的手法の真摯な使用を歪めてしまわないように細心の注意を払った．今日，環境史家に対して不信感を抱く理由はもはや多くない．環境史家は客観性を守り(えこひいきをしているように見られないように過剰反応していることもあるように思うが)，対抗者を批判するのと同じように，環境主義者を厳しく批判しがちである．ジョン・R.マクニールはこの現象を議論する中で，アメリカ合衆国やヨーロッパの環境史家の政治への関与は弱まっており，一方でインドとラテンアメリカでは依然として強いと観察している[6-5](McNeill 2003: 34)．また今日のほとんどの環境史家は環境運動と共通の起源を有していることを前向きに自覚しており，市民として多くの目標を共有している．オーピーもまた彼の読者に対して，唱道には一定の美徳があり，それを完全に避けようとすることは重要な倫理的な問いをごまかしてしまうことになりかねないと再認識させた．正確であることは，熱意を持ってはいけないという意味であってはならない．このことは最も尊敬される環境史家たちによっても示されている．彼らは，その歴史理解を倫理に照らして，ある行動の方向性を推奨し，他の行動については警鐘を鳴らすという結論に至ったなら，その内容を主張することを躊躇しない．ウィリアム・クロノンは『環境史のいろいろな使い道』[6-6](Cronon 1993)で，環境史家が政策決定者に知見を提供できることを期待しながら仕事をするのは正しい，としている．環境史の文献において見られる唱道の中でも，ドナルド・ウースターの『自然の富——環境の歴史とエコロジーの構想』[6-7](Worster 1993b)は特に優れている．この本は美しい文章で書かれた一連の小論を収録しており，いずれも綿密な歴史の精査，そして人道的価値への情熱や自然界と生命の価値に対する深い認識によって得られた情報に基づく理解と行動を呼びかけている．この種の唱

道がどのようなものであるかを知るために，同書から段落を一つ抜き出して読んでもらう価値は十分にあるだろう[6-8](Worster 1993b: 63).

　咲き乱れる花々，ブンブン唸る蜂，ヒューヒュー唸る風．我々を囲む自然の世界は，常にその力を人間生活に及ぼし続けてきた．それは今日も変わらない．我々がいかにその依存関係から解放されようと努力しようとも，また我々がその依存性を認めたときには手遅れで危機が迫っているといった具合にそれを認めることが不本意であっても，自然の力は今日も変わらない．環境史は，かつて知っていた自然の意義を私たちの意識に呼び戻すことを，また現代科学の力を借りて我々と我々の過去について新たな真実を発見することをめざす．我々はそのような理解を非常に多くの場所で必要としている．例えば，貧困，疾病そして土壌劣化の長く悲劇的な螺旋的下降を抜け出せない小国ハイチや，伝統的な部族の所有・管理から現代的な企業によるそれに移行したボルネオの熱帯雨林などである．いずれの場合も人々と土地の運命は密接につながっていて，それはアメリカのグレートプレーンズでそうであったのと同じ関係である．そして，いずれの場合も世界の市場経済がある種の生態学的問題を生み出し，あるいは悪化させている．環境史家がどの地域を研究対象に選ぼうとも，彼[原文ママ]は，人間は生命の第一の源泉を劣等なものとみなさずに食を得ることができるのか，という長年の悩みと向き合わなければならない．現在，今まで以上に人間生態学においてその問題が根本的課題となっており，これを直視しようとするならば地球をよく知っておく必要がある．つまり，地球の歴史を知り，その限界を知ることである．

環境決定論

　環境史家に対してしばしば向けられる非難に環境決定論のそれがある．環境決定論は，歴史は人に起因するのではなく，人による選択とも無関係の諸力に不可避的に導かれる，という考えである．気候や疫病の役割を強調する研究が，特にこの批判にさらされてきた．環境史の基本的な考え方は，人間社会と自然環境の相互作用という概念にある．もっとも，人間と自然のどちらの方がより

支配的か，より影響力があったかの判断は，環境史家の間でも大きく異なり，実際，両極の間に様々な立場が連なっている．この幅広い分布の環境決定論者側の端に位置するのが，例えばジャレド・ダイアモンドである．彼の学問的背景は医学と人類学であるが地理学で教鞭をとり，それにもかかわらず環境史家を名乗っている．ダイアモンドは，人間社会が自然のマトリックスにどの程度組み込まれているかを議論する．環境の役割を強調する際に，一部の人間の集団が他の集団よりも，肉体的にも知的にも優れているという考えを否定する．人間の集団は，個々の特殊な環境に与えられた諸要素を創造的に扱うことによってそれぞれ発展を遂げてきたのである．分布範囲の対極にいるのがウィリアム・クロノンである．彼は他の著者たちと共に論文集『不慣れな土地――自然を再度作りなおすために』[6-9] (Cronon ed. 1995) を編集し，人間は地球全体を改造してしまったため，もはや制約を受けていない自然などはないと主張した．クロノンに言わせれば，原生自然は文化的な発明品である[6-10] (Cronon ed. 1995: 70)．これは，開発，汚染または管理と形はどうあれ，（比喩を交えて言うと）人間の手で至るところに足を踏み入れてきたということを意味するばかりではない．「自然」という発想自体が人間の創造物で，文化と無関係に自然を語ることはできないと考えている．ダイアモンドが環境決定論者の代表格であるなら，クロノンは「文化決定論者」の代表と言えるだろう．しかし，いずれも自然と文化の相互作用を分析しているのだと主張する．ダイアモンドが人間による選択のために議論をしているのに対し，クロノンは，自然は，人間との間に意味のある文化的な相互作用があり，実際に存在すると主張する．ほとんどの環境史家たちは広い中間層となっているが，学者にとっては極端な立ち位置を主張するよりも，偏りのないことを明確に示すことの方が難しいだろう．

現在主義

環境史家に向けられるもう一つの批判は現在主義のそれである．これらの批判者たちは，環境問題の自覚は現代の現象であると指摘する．「環境主義」という用語は1960年代まで一般的に使用されなかったし，1970年代までは環境史は学問の一つの下位区分として認められていなかった．環境史の研究は現代

特有の諸問題への一つの反応から生じたものである．そうであるならば，今日の展開や懸念を，そのような動きがまだなく，その関与者である人間に認識されていなかった過去の時代にまで遡って読み取ろうとすることは支持されないような試みなのだろうか．この批判の問題は，現在理解するために応用される知的な努力としての歴史学そのものに対して，根本的に反論している点にある．現代の諸問題が今ある形で存在しているのは，様々な歴史の過程の結果である．自然との関係は，人類が最も早い段階で直面した挑戦であった．ある遊牧する部族が彼らの肉類や皮革を村の農業者の穀物や布と物々交換することに，市場経済の前身を見出さないのは，甚だしい否定のあり方である．ギリシアの哲学者プラトンは土壌侵食を説明していたし，ローマの詩人ホラティウスは都市の大気汚染について不平を言っていた[6-11](Hughes 1994: 73)．ヨーロッパ人によって新世界に各種の作物，雑草，動物，そして疫病が持ち込まれた「コロンブスの交換」は，大部分において，両アメリカ大陸の歴史と現在の状態を説明している[6-12](Crosby 1972)．環境因子が過去に人間社会に及ぼしてきた影響，そして人間の行為が環境に与えてきた影響の研究は，現代世界の矛盾にとって必要な見方を提供するものである[6-13](Worster 1988a; Worster 1988b)．

衰退論者の物語

環境史が浴びる批判に，環境史家の著作は「衰退論者」の物語になりがちであるという主張もある．つまり，それらの著作には，有益な環境の状況が様々な人間の行為の結果として漸進的に悪化する過程が描かれていると言うのである．論文「下へ，下へ，下へ，そしてその先はない——環境史は衰退を超えて動く」[6-14](Steinberg 2004)を書いたテッド・スタインバーグは，このような評論家の一人である．衰退を叙述する一例がある．メキシコのメズキタル渓谷は，コロンブス以前にオトミ族が農業を営んでいた頃は，高い生産性を誇る農業地域だったが，スペインから持ち込まれた羊の放牧のしすぎによって「その不毛さ，先住民族の貧しさ，そして大規模土地所有者による開拓で有名な，ほとんど神話的と言っていいほどに貧しい地域」に転換した[6-15](Melville 1997: 17)とエリノア・メルヴィルが説得力のある説明をしている．また，ブラジルの大

西洋側の海岸地域の生物学的に豊かな熱帯雨林の伐採は，ヨーロッパ人による発見以来，現在まで続く．これはウォーレン・ディーンによる模範的な環境史『斧と燃え木で』[6-16](Dean 1995)に紹介されている．今日，これらの熱帯雨林は断片として散在しており，建前上はブラジルの法律で保護されているが，依然として攻撃を受けている．これらの地域的な事例は，世界規模に拡大してみれば，地球全体の劣化という一つの物語になる．そして，世界中で起こる大惨事の予測は避けられない．地球温暖化のような現象となるとますます回避できない．この破壊の過程は依然として進行しており，急速にその規模が拡大していることを踏まえると，この傾向が将来の災害につながると推測するのが合理的であるように思える．衰退の語りは，場合によっては注意喚起の価値があるように見受けられるかもしれない．中世の教会では，地球の秩序の崩壊と魂の「最後の審判」を内容とする終末論が教えられ，これに怯えた信者を善き行いへと導こうとした．環境破滅論は，世界史において宗教的な終末論を世俗的に代替しただけなのだろうか．もちろん歴史家たちは一般的に，黒死病を避けるかのように未来を避ける．というのも，かつて未来の出来事を描こうとした冒険的な歴史家たちが見事に予想を外してきたからである．第一次世界大戦後に世界的な秩序と永遠の平和が訪れると予想した H. G. ウェルズが良い例である[6-17](Wells 1920)．環境史家も例外ではなかった．一般に，歴史家の決意はすでに起こったことを描くことにあって，たとえ密かに最悪のことが起こると予期していても，推論は読者に委ねることにしている．しかしながら，この決意を破ることが時々ある[6-18](Lewis 1993)．もし歴史の実践家が，歴史は基本的にあらゆる形の将来予測を排除するものだと考えるのであれば，逆に科学の有効性は，その予測の正確性により試されうると考えられる．そして環境史は，歴史学の下位分野の中でも，珍しく科学的な洞察に開かれている．しかし，問題をさらに複雑にしているのは，環境史に最も関わりが深い科学が生態学であるということであり，生態学は予測が難しいことで有名で，場合によっては全く信頼が置けない歴史的科学なのである．しかし，環境史家はこの難問をはっきり自覚しており，破滅論を支持できないという主張は概して根拠がない．衰退の語りをなじる批判に対しては大方対抗できる．地球環境の劣化が人間の様々な行為の結果であるという観察は，注意深い研究によって明らかにされた

事実であるからである．他の説明をすることは証拠を無視するのと同じことになる．

政治経済理論

環境史家は，歴史家一般と同様に理論に重きを置いていないことを批判されることがある．この批判はおそらく正しいが，注目に値するいくつかの例外もある．例えば，キャロリン・マーチャントの「数々の生態学的革命における理論構造」[6-19] (Merchant 1987; Merchant 1989)，そして，マダヴ・ガジルとラーマチャンドラ・グハによる『生態史に関する一つの理論』[6-20] (Gadgil and Guha 1992a) である．社会学者で経済学者のジェイムズ・オコナーは，環境史を最も痛烈かつ刺激的に批判している一人で，1998年に出版した論文集『自然の要因——生態学的マルクス主義論文集』[6-21] (O'Connor 1998b) には「環境史とは何か．なぜ環境史なのか」が，関係する諸論文と共に収められている．オコナーは，環境史家たちは自分たちが研究している歴史がいかに革命的かを自覚していないと次のように批判している．

> 環境史はこれまでに存在してきた多くの歴史の頂点とみなして良さそうである．もっともそれは，厳密に定義した環境史のほか，現代の政治史や経済史，文化史の環境的側面も含むことを前提とする．環境史は，あまりにも多くの歴史家が依然として捉えているような辺境の取るに足りない専門分野どころか，今日の歴史研究の中心に位置している（または，そうあるべきである）．

彼が暗に批判しているのは，環境史の試みがいかに中心的で革命的なのかを環境史家は理解していない，あるいは理解していたとしても説明していないということである．環境史は，歴史を実際にそれが包み込まれている文脈の中に置く．すなわち，自然界の物理的な現実と文明の物質的な様々な基盤と限界の文脈の中に置くのである．ところで「持続性」は強く望まれるべきものとして捉えられてきたが，この用語を納得のいく形で生態学的に定義しようとしても捉えどころがない．オコナーは，持続可能な資本主義は可能かどうかという疑問を呈し，不可能だと答えている．資本主義は利益と蓄積を必要とし，それは

生態系を破壊し自然資源を使い果たすような成長の条件の下でしか実現しない．このことを簡潔な表現で，オコナーは「資本主義の第二の矛盾」と呼んでいる[6-22] (O'Connor 1998c)．オコナーの批判者は，彼はマルクス主義者だから資本主義を攻撃するのは当然だと指摘するだろう．しかしオコナーの批判はマルクスにも及ぶのである．マルクスの著作は生態系の破壊が問題にされる以前の時代に書かれており，自然の経済の生産的な諸力の根本的な役割を正しく評価していない．オコナーは「唯物史観も十分に唯物論的でない」と結論づけている[6-23] (O'Connor 1998a: 43)．この二重の矛盾に直面して，彼は環境史家に対して次のことを自覚するように助言している[6-24] (O'Connor 1998b: 65-6)．彼らが専門とする環境史は，

　　結局，政治史，経済史，そして社会史になりつつある．広げられ，深められ，さらに包括的になった．環境史はきっと，新たな問題，技術，情報源などに照らして，そして環境史が今日貢献している政治史，経済史，社会史そのものにおける改革に照らして，将来世代の歴史家によって再解釈あるいは改革されるだろう．

多様な次なる論点

環境史家によってさらに注目される価値があると認められてきた論点が複数ある．それらは，将来的に研究が必要な分野であり，また好機ともなる．例えば，2005年1月号の『環境史』に掲載された誌上討論会は「次の環境史は何？」と題して，29人の代表的な環境史家による小論を収めている[6-25] (学術雑誌 *Environmental History* 10-1, 2005: 30-109)．アメリカ合衆国以外の学者も参加しており，現在そして近未来的にこの分野で取り上げられるだろうと感じている方向性や，書くべきものとして推奨する方向性について，それぞれが書いている．このような内容を，ジョン・R. マクニールはこの小論集の論文としてではないが，「(あまり)選ばれなかった道の数々」[6-26] (McNeill 2003: 42-3)と呼び，軍事的な側面，土壌の歴史，鉱業，各地の移民，海の環境史などを含めている．私もこのような話題について，まずは私が環境あるいは環境主義にとって今後の数十年にわたって最も重要と考える主題の中からいくつか選んで言

及しようと思う．それらの主題とは，人口成長，その土地の共同体が自らの環境に対して有する支配力の低下，エネルギーやエネルギー資源の歴史，そして生物多様性の喪失である．これらに続いて，研究仲間が諸論文で提案している多くの話題の中からさらに少し選んで言及する．

人口成長

　人口は，多くの環境史家の叙述において避けられない要素だが，環境史家は人口を直接取り扱うことを躊躇してきた．その理由を見つけるのは難しくない．環境劣化の主因を人口成長としてしまっては，人種差別主義，あるいは人口成長がそれを支えるために必要な食糧生産を超えることは避けられないという考え方をするマルサス主義であるという批判に身をさらすことになりかねない．しかし，歴史の傾向は明らかである．1万年前には，地球上に500万人から1,000万人ほどの人口しかいなかった．2011年10月31日，国連は現在地球上に生存している人間の70億人目の誕生を祝い，その後，2050年には世界人口が96億人に達するとの控えめな予測を発表している．そしてその増加の90パーセント以上が発展途上国，特にアフリカで起こるとされている．人口成長は最も強力な原動力となって環境を劣化させる．人口の急成長には，人為的な環境影響の規模を拡大させ，変化を加速化させる効果がある．森林の近くに村が一つあるだけであれば，利用される薪の量はあまりにもわずかで永久的に使い続けられるだろう．しかし10ヵ村あれば，持続可能な生産量を超えてしまい，森は10年間で破壊されるであろう．これは理論的な話ではなく，実際に熱帯地域の世界のほとんどで起こっている．

　同じ人間でも，より貧しい国に生きる人々が与える一人あたりの悪影響は少ない．しかし，少量の資源利用であっても，それが何百万人，何十億人分となり，資源回復策を講じる資金的余裕がないとなれば被害は大規模になる．工業国家では，住民一人ひとりの環境フットプリントがより大きいため，少しの人口増加でもそれに応じてより大きな影響となる．近年の人口増加率の減少傾向は，健康と教育の改善，避妊という選択の可能性，生活水準の向上，生殖に関するいろいろな決定への女性の参画の拡大などに起因すると考えられている．しかし，発展途上国の人口爆発はこれら正の要素の効果を弱めるものである．

これが起きれば，国連の予測は本当に控えめだったということになる．環境史に先例がいくつもある．このような人口の急上昇によって資源が限界まで利用される現象は，650年から850年の間にマヤ低地南部でも起こり，1300年に至るまでの2世紀間にわたってヨーロッパでも起こった．いずれもその後に訪れたのは崩壊であり，多くの定住地が打ち捨てられた．人口成長を抑制する対策と同時に，汚染や資源利用も制限する対策が取られなければ，21世紀後半あるいはその少し後に人口の崩壊を迎えることになりそうである．環境史家は人口の急増や崩壊の歴史に注意を向けてほしい．ビョルン＝オーラ・リネアの『マルサス再来』[6-27](Linnér 2004)における「新マルサス主義」の扱い方はすばらしい．オーティス・グラハムは，第二次世界大戦後のアメリカ合衆国について書いた教科書の中で，人口，各種の資源，そして環境を強調している[6-28](Graham Jr. 1995)．

政策決定の規模

文化と自然との関係性がどのような道筋をたどるかの大部分は，環境政策についてどのような意思決定がなされるかによって決まる．その土地の共同体は，その環境の将来について自分で選択をしているだろうか．それとも，効力のある決定は国家，地域あるいは世界レベルで行われているのだろうか．歴史を通して方向性がはっきりしているため，環境史家にはその道筋を研究することが要求される．小さな地域単位の意思決定はすでに国家や宗主国によって弱められていたが，20世紀に入っていくつかの国際機関によって世界の市場経済に変革がもたらされると，それらは世界規模の勢力の陰に潜んでしまった．資本主義の各国における金融の専門家は，自由貿易を促進し，世界中の資源を，再生可能であろうとなかろうと関係なく，開発に開放する構造を立ち上げた．国際通貨基金(IMO)，世界銀行，「関税及び貿易に関する一般協定」(GATT)などを含む枠組みである．GATTを管理する組織である世界貿易機構(WTO)は，主要各国を含む160カ国以上の加盟国から成り，世界経済を監督していると主張している．WTOは絶え間ない成長を約束し，これまでに環境保護を強調することはなかった．実際，WTOの決定により，環境に損害を与えるような輸入品を禁止する国内法を無効にされた例は少なくない．

国際機関と多国籍企業の力がますます拡大していくにつれ，国家は，特に第三世界においては植民地帝国が解体され独立運動が続くのに伴って縮小している．各国が直面する強力で超国家的な組織は，自国政府よりも莫大な資金と雇用者を集めることができ，雇用以外の恩恵も約束できる．しかし，地元の人々はそれらの企業が要求するような仕事の技能を備えていないため，企業は外からその土地の考え方や慣習に馴染みのない従業員を連れてくる．ナウルの島の場合，これらのすべての要素が働き，肥料に使うためのリン酸塩の開発が森林その他の生物相の破壊につながり，島を人の住めない不毛の土地にしてしまった．このことは，一つの環境史として，カール・N. マクダニエルとジョン・M. ゴーディが『売りに出された楽園』[6-29] (McDaniel and Gowdy 2000) で年代記的に書いている．他の土地でも，輸出，材木やその他の木材製品の価格上昇，そして利用しやすい森林の枯渇を奨励する政策プログラムは，木を伐採・搬出する多国籍企業を新たな資源の発掘へと向かわせたのである．森林に依存して生活する地元の人々が受けた衝撃は壊滅的である．保全を活動指針に掲げているような組織でさえ土地や資源を独り占めしており，この現象は「緑の収奪」と呼ばれている [6-30] (Fairhead, Leach, and Scoones eds. 2015)．

　各種資源の需要や人口流入が最も大きいのは都市域である．工業化があまり進んでいない国の各都市の成長は急速で，貧困街がこの成長の大部分を生み出している．一例を示すと，カイロでは人々が実際に墓地やゴミ集積場に住んでいる．急増する人口が不十分な社会基盤を消耗させる第三世界の巨大都市は，その土地の共同体のような概念を非現実的なものとする恐れがある．将来の技術的進展のほとんどは，地元の勢力に対抗する力を強化する．このような傾向に直面する環境史家は，逆に，その土地に根ざした模範的な都市計画を探すことができる．例えば，ブラジルのクリティーバは，公園，遊歩道，公共交通，ゴミ，そしてリサイクル制度によって生態学的成功を収め，住むのに快適な場所となっている．

　地球全体に目を向けてみると，国連の各事業も環境史家の今後の研究対象として価値があるかもしれない．環境の健全化に取り組んでいる機関もあれば，海洋汚染や捕鯨に歯止めをかけることに尽力してきた機関もある．ユネスコの「人間と生物圏計画」(Programme on Man and the Biosphere) では，「緩衝地帯」に

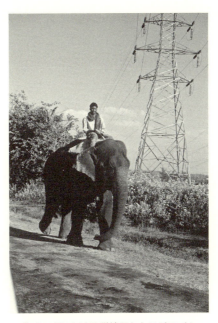

北インドにおける訓練されたアジアゾウと電線．環境史の異なる二つの時代を代表するエネルギーの形を象徴している．
筆者撮影(1994年)

おいて，地域住民による伝統的な経済活動を推奨するように設計された「生物圏保存地域」を設置してきた．国連環境計画(UNEP)は，最も成功している国際環境条約の一つである，1987年に締結された，オゾン層を破壊する物質に関するモントリオール議定書などを通じて国際環境法の枠組みの確立を支えてきた．

エネルギーと多様な資源

多様なエネルギー資源の歴史も，新たな研究の余地がある環境史のもう一つの分野である．いかなる人間社会でも産業革命以降エネルギーの利用が増大しているが，20世紀に入って空前絶後の急激な成長が始まり，今も続いている．エネルギー利用の環境史は，一連の資源が技術によって使えるようになった歴史として語られる．最初の工業用燃料は木炭も含め木に由来したため，森林資源に大きな需要を求めることになった[6-31](Radkau 2011)．ヨーロッパ各国の

政府は，近世初期の燃料需要に誘発された木材危機の始まりを察知し，軍艦建造などの重要な用途に向けた木材供給を確保する目的で一連の法律を制定した．その一例として，マイケル・ウィリアムズは，森林を国家による管理経済に組み込み，木炭の生産を制限した，1669年のフランス森林条例を挙げている[6-32] (Williams 2003: 203-4)．

理論的に再生可能な資源である木材から，再生可能ではない化石燃料への転換が起こったのは19世紀の後半であった．この燃料転換によってヨーロッパの森林は一時的に劣化を免れることができたが，汚染の状況が悪化した．まずはヨーロッパと北アメリカで石炭が工業と輸送における主力燃料となり，その後，世界中へ広がった．しかし，内燃機関が20世紀に登場すると，石炭の優位性は石油や天然ガスの挑戦を受けることになった．20世紀の半ばには，石油や天然ガスによるエネルギー生産量は，石炭のそれに追いつき，あるいは凌ぐ水準にまで伸びた．この時代は今日も続いているが，このまま21世紀の間，継続することはないと示す兆候がすでに現れている．そして，このことは我々が将来を考える際に，エネルギーを環境史の主題として扱う重要性を裏付ける明確な理由である．

環境にまつわる様々な災害

災害は環境史において最も重要な出来事の一部を構成する．また，自然が原因なのか，それとも人間の行為によって引き起こされたものなのか，厳密に線引きすることはますます難しくなっており，あるいは不可能かもしれない[6-33] (Hughes 2010)．1986年にウクライナで起きたチェルノブイリ原子力発電所の爆発は，人為的な過誤が原因で，数え切れない影響が環境変化として現れた．その文化的景観の一部は，居住地としても農地としても使えなくなり，この状態がいつまで続くのかも不明である．また1960年代，70年代に東南アジアで英国人やアメリカ人が森林や作物に損傷を与える目的で使用した強力な除草剤や枯葉剤は，結果的に生態系を破壊してしまった．

疫病は，野生生物への曝露を含め自然に起源があるものの，その個体群への広がりは人間の移動のあり方によって規定される．火山噴火や津波は自然現象であるが，被害が出るのは，住居や基幹施設であるインフラストラクチャーを

第6章　環境史における多様な論点と方向性

危険があるとわかっている場所に設置するという選択の結果である場合が多い．日本は福島の原子力発電所を海岸沿いに設置し，イタリア人たちが家を建て続けているところは，ヴェスビオ山が将来的に噴火すれば破壊されてもおかしくはない地域である．災害が起こりうる場所に移り住む愚かさと，保護をする難しさは，クレイグ・コルトンがニューオーリンズについて書いた『危険な場所，度重なる強烈な嵐』[6-34] (Colten 2014) に描かれている．

　災害は多様な環境危機が原因で起きうるが，時に忍び寄るようにゆっくりと発生し，蓄積されていくため，気づかれないことがある．この考え方を主題に，ロブ・ニクソンが『ゆっくりとした暴力』[6-35] (Nixon 2011) を書いている．ニクソンは，そのようなゆっくりと発生する危機として，汚染，森林劣化，戦争の余波として起こる環境影響，そして気候変動も含め，その結果，貧困層に対する暴力や社会紛争に至るとしている．少し前の論文で同じ主題を扱うものは，『暴力的な環境の諸相』[6-36] (Peluso and Watts eds. 2001) にも収録されている．ロバート・エメット・ハーナンによる『この借り物の地球』[6-37] (Hernan 2010) は，15件の現代の大惨事の事例研究を提供している．歴史的な環境災害を扱う最近の論文集としては，カーティン・ファイファー及びニキ・ファイファーの編纂による『自然の諸力と様々な文化的応答』[6-38] (K. Pfeifer and N. Pfeifer eds. 2013) がある．

生物多様性

　もう一つ，これまで環境史家によって見落とされることはなかったものの，今後さらなる研究を強いられることになる主題として挙げられるのは，地球上の生命の多様性を構成するオーケストラのような様々な種の集合の保存または破壊の問題である．数え切れないほどの種類の動植物との相互作用が我々の身体や心の形成に寄与し，狩猟や農業などの歴史的な発展を形にしてきた．人間の行為は，種の数を減少させ，さらにほとんどの種の個体数も縮小させることで，生物多様性と生態系の複雑性も低下させてきた．これは，ローマ人が動物を円形闘技場で見世物にするために集めた頃，そしてジョン・F.リチャーズの『終わりのない辺境』[6-39] (Richards 2003) で叙述される近世・近代のヨーロッパにおける商業的な「世界狩り」に始まり，現在の生息環境の破壊，漁業資

四川省，臥龍中国パンダ保護研究センターのジャイアントパンダ．絶滅危惧種の保護や再生の各種の試みは保全運動の20世紀型発展である．写真は1988年に撮影

源の枯渇やクジラの個体群の激減，アフリカやインドネシアでのブッシュミート〔食用の野生動物の肉〕としての類人猿の狩猟に至る．20世紀の終わりには，地質学的に記録されている大惨事に匹敵するような速度で種の絶滅が起こっていた．近年は，科学者や著作家は生物多様性の危機を認識している．これまではアメリカ合衆国北西部のマダラフクロウ，中国のパンダ，インドやシベリアのトラ，そして，アフリカのゾウやサイ，ライオンなど，単一種が直面する危険に関心が向くことが多かった．これらは指標種として視覚的に非常にわかりやすいが，各事例で真に問題なのはそれぞれが所属する生態系の縮小である．その過程は「生息環境の破壊」と呼ばれるが，実際は生物群集の断片化である．というのも，それらの群集は生息域が縮小されるとともに複雑性を失い，そこに生息していた多くの種を放棄するからである．樹木農場，工業化する農業，露天採鉱，発電所，そして都市の無秩序な拡大による最後の野生の場所への進出を受けて，経済が野生の自然から得ていた「助成金」もそろそろ底をつきそうである[6-40](Anderson, May, and Balick 1991)．人間が歴史に及ぼしてきた影響を理解する必要がある．

環境の再生

生態学的な再生とは，生態系が様々な形の干渉——例えば，植生の除去，在

モザンビークのゴロンゴーザ国立公園は，人々が殺害され移住させられ，ほとんどの野生生物を激減させた長期にわたる内戦によって大きな打撃を受けた．モザンビークの生物多様性と地域共同体は今や再生されている．筆者撮影(2012年)

来の動物種の殺害，化学製品の拡散，農業の失敗など——によってその活動をひどく妨げられたような地帯であっても，人間の積極的な努力を自然の各過程と組み合わせることによってより良い状態に戻すことができるという考えである．そのような計画で問題となるのは，どの状態が再生の到達点かということである．それは，人間が干渉する以前の，想像上の攪乱されていない状態だろうか．それとも，先住民族たちが生活し，狩猟をしていた時代だろうか．あるいは，種々の資源が豊富にあり，観光が収入を生み出していたような豊かな時代だろうか．仮にどのような再生の試みも生態系の以前の構造部分を再構築することはできないのだとしても，環境史は失敗と成功の事例を提供することができるし，過去に実際に存在した状態を研究し，再生計画の基準を示すことができる．

生態学的な再生の歴史を書いた著書として，ウィリアム・R.ジョーダンとジョージ・M.ルービックによる『自然を全体として作る』や，イタリアとアメリカ合衆国の事例を説明したマーカス・ホールによる『地球を修繕する』などがある[6-41]（Jordan and Lubick 2011; Hall 2005）．エマニュエル・クライクは『森林劣化と再植林――ナミビア』[6-42]（Kreike 2010）で，環境史は複雑であることを認め，生態学的な劣化に関して，広く受け入れられている見方は経験的な変化によって立証できるものではないという認識に立ち，新たな道筋を示す．

ナミビアでは，森林劣化は災害に繋がったのではなく，その後，地元の人々が果樹やその他の望ましい植物を植えたために異なる生態系の繁茂をもたらした．

進化と生物工学

2003年に，歴史家のエドムンド・ラッセルは「進化論による歴史——新たな領域への案内」と題した論文を書き[6-43](Russell 2003)，続けて2011年に同じ主題の本を出した[6-44](Russell 2011)．これらの中でラッセルは，環境史家は数人を除いてあまりに狭く生物学を扱ってきたと主張した．彼に言わせれば，環境史家は生態学に注意を払ってきたけれども，進化をほぼ完全に無視してきた．それは自然淘汰による進化という考え方と相容れないからではない．21世紀の科学に精通している多くの学者たちと同様に，環境史家も，種の変化とその起源の最も理にかなった説明として，ダーウィンの基本的な考えである自然淘汰を受け入れている．しかし，ダーウィンのように，多くの環境史家が考えている進化は，長期にわたる地質時代(すなわち有史以前)に起きた微細な変化に関わるゆっくりした過程である．したがって，進化が人間の一生や数世代といった時間軸で歴史に影響するとは考えにくいのである．しかし，そのような態度は今や時代遅れである．自然淘汰による進化は，ダーウィンが理解していたよりも急速に進むものであることが，生物学者のピーター・R. グラントとB. ローズマリー・グラントによるガラパゴス諸島のダフーン・メジャー島におけるダーウィンゆかりのフィンチ〔アトリ科の小鳥〕の研究によって示された[6-45](Grant 1986; P. R. Grant and B. R. Grant 2014)．鳩や犬などの飼育種を相対的に短期間で生み出した人工的な淘汰に関して，ダーウィンは用心深い学者だった．今や人間が殺虫剤を用いたり，抗生物質を使ったりすることによって不注意にも進化を加速化させているということが明らかになっている．敏感な生物を殺し，耐性のあるものを生き残らせることで，人間自身が，作物や自らの身体を守るために，それらに対して使用する武器そのものに対する耐性を備えた適者の生存の原因を作っている．経済や健康の分野で見られる結果は深刻である．DDT〔有機塩素系の殺虫剤〕は第二次世界大戦後の数年間は有効であったが，昆虫が抵抗力を進化させたため，今や我々は必然的に他の(一時的に)効果的な化学物質を使う．また，ペニシリンを(隠喩的に表現すると)嘲り笑うブドウ球菌

ニュージーランド南島の羊．ニュージーランドにおける主要な環境変化は，人間の住民の数を超える頭数に及ぶ羊の放牧による文化的景観の転換である．筆者撮影(2000年)

がいる．

　ダーウィンの進化論はこれくらいにしておこう．今日ではむしろ，メンデルの見方が，進化論と同じかそれ以上に大きい歴史的な力が働いていることを示す．今や人間は遺伝学的基礎を理解しており，「デザイナー作物」を作るために遺伝子を操作できるようになったため，面倒な淘汰の過程を回避できるようになったのである．遺伝子工学の研究者は，淘汰によっては生まれてこなかった，そして，決して作ることができなかったであろう生物の品種を創造している．生物工学は文化と自然の両方に影響を及ぼし，環境史家はそれらの影響を説明することになるだろう．あるいは，他の学者が代わりにしなければならないかもしれない[6-46]（この点，生物学者の文献 Palumbi 2001 を参照）．

海洋と海の数々

　南アフリカの歴史家であるランス・ファン・シタートは，環境史家に，地球の「残りの10分の7」に関心を向けるよう呼びかけている[6-47]（Sittert 2005）．世界の海洋は地球の表面のほとんどを占め，生物圏で見ると割合はさらに大きい．太平洋だけでも地球の3分の1を覆っている．これらの大きな塩水の塊を，人間は，輸送，貿易，漁業，その他クジラなどの海洋生物の消費，そして様々な資源の採取に用いている．実際に海の上に住む人間の共同体もある．歴史を

インド，カルナタカ，ウッタラ・カンナダのクムタ近く，アガナシニ川の河口のマングローブ林．マングローブは海水に耐性があり，海岸線で産卵する魚にとって重要な避難所となる．しかし，世界各地でエビの養殖やその他の開発のために切り出されている．筆者撮影(1997年)

振り返って見ると，海は生命の起源であり，島々に居住するために通る道であり，さらに大陸の発見，植民地化，奴隷化への開かれた道であった．また，船乗りに試練を与え，命を奪ってきたほか，サイクロン，台風，ハリケーンなど様々な名前で知られる嵐を生み出してきた．各国は海上においても領域を主張し，国際的な交渉の末，海洋法が生まれた．汚染，乱獲，絶滅，そしてサンゴ礁の破壊の危険が懸念されている．

このように研究機会は膨大にあるにもかかわらず，環境史家が海についてあまり多くを書いてこなかったことは残念である．実際，環境史家たちは「土地」や「文化的景観」を環境全体と同義に扱うことが多い．フェルナン・ブローデルの『地中海』[6-48](Braudel 1972)のような著作は，本当は海の周りの様々な土地の歴史である．賞賛すべき例外としてアーサー・F.マキヴォイの『漁師の問題』[6-49](McEvoy 1986)などがある．ポウル・ホルム，ティム・スミス，そしてデイヴィッド・スターキーは，『搾取された海——新たな方向性を海の環境史に求める』[6-50](Holm, Smith, and Starkey eds. 2001)を書いている．しかし，海洋に関する大観的な環境史は未だに書かれていない．

第 6 章　環境史における多様な論点と方向性

結　　び

　歴史家の関心を最初に環境史に向けさせた世界規模の環境問題の数々は，その規模においても数においても増してきており，環境史の解釈的価値は広く受け入れられるものとなった．自然と文化は相互に浸透し合うもので，切り離しては理解することはできない．また注目に値するのは学者たちの数，特に若手の学者たちの数である．環境史の研究や叙述に従事している学者たちは 1980 年以来，数十年の間に急激に増えており，そのような学者の共同体が存在する国の数もまた増えてきた．環境史は，21 世紀の残っている数十年にわたって歴史の著述に影響を及ぼし続けることは確実であろう．エレン・ストラウド[6-51] (Stroud 2003)は，環境史は単に歴史学の下位区分ではなく，すべての歴史家が使える解釈的ツールであるとし，ある論文で次のように痛快に書いている．
　　他の歴史家が我々に加わり，土壌，汚物，水，大気，木々，動物たち（人間も含む）の，物理学的，生物学的，そして生態学的な本質に注目するようになれば，彼らは自ずと過去に関する新たな疑問と新たな答えに導かれていることに気付くだろう．

第7章
「環境史をする」について考える

はじめに

　この章は，環境史を学ぶこと，環境史を研究すること，そして環境史について書くことをめぐる様々な提案で構成する．この分野に興味を持っているが，今のところはまだあまり馴染みのない人を対象とする．想定されるのは，学士課程の学生や環境史にはあまり精通していない大学院生で，場合によっては他分野を専門とする学者の中で環境史を自らの道具箱に追加したいと思っている方々も含まれるであろう．本書は，その分量からしても決して環境史への完全な入門書ではないが，学生やその他の著作家たちに多くの手がかりを提供するものである．

方法論に関する案内

　はじめに，この道の第一人者による有効な案内書となりうる著作を推奨し，彼らがいかにして「環境史をしてきたか」を示すことにする．広く引用され，またそうであるにふさわしい著作として，ドナルド・ウースターが編纂した論文集『地球の様々な終わり方』のあとがきの "Doing Environmental History"（「環境史をする」）[7-1]（Worster ed. 1988a）が挙げられる．比較的最近の著作でより詳しい案内があるのは，キャロリン・マーチャントの『コロンビアの入門書──アメリカ環境史』[7-2]（Merchant 2002）である．同書はアメリカ合衆国の環境史のみを対象とするが，マーチャントの助言の多くは直接的にまたは比喩的に，世界の他地域の研究者にも有用である．彼女の最大の貢献の一つは，環境史家が抱いている疑問，または抱きうる疑問を指摘していることにある．マーチャントは同書を実践的かつ技術的に補完するCDも作成している[7-3]（2005年9月閲覧 http://www.cnr.berkeley.edu/departments/espm/env-hist.）．ウィリアム・

クロノンの論文「物語の場所——自然，歴史，語り」[7-4] (Cronon 1992a)には，環境史を叙述する時に必要な作業を明らかにする諸原則が示されている．彼のウェブサイトは，特に「歴史研究を学ぶ」の項目の下で，環境史の研究に非常に有用な案内を提供している[7-5] (www.williamcronon.net/researching/index.htm)．歴史地理学を入り口にすることを望む人に対しては，I. G. シモンズの『環境史——簡単な入門書』[7-6] (Simmons 1993)は確実に薦められる．

　ウースターは，環境史家たちに伝統的な歴史学の様々な限界を脱し，「人間がいかに時間とともに自然環境の影響を受けてきたか，そして逆にいかにその環境に影響を及ぼし，どのような結果をもたらしてきたか」に関する理解を深めるよう呼びかけている[7-7] (Worster 1988a: 290-1)．これを達成するために，環境史は三段階の問いを探求するべきであるとウースターは言う．また，それらの問いはバラバラにではなく，一つの統合的な研究の構成要素として解明するべきであるとしている．第一の探求は，自然が示す変化の中で自然そのものを理解しょうとする努力であり，一つの段階として，環境史が環境の歴史そのものの本質を認識することである．第二の探求は，人間の経済活動の諸相や社会の組織化，そしてそれらが環境に及ぼす様々な影響に関わることであり，それらの活動に関わる意思決定について社会階層における様々な部分が有する権力を検討する．最後の探求である第三段階は，人間やその社会が自然に対して多様に抱いている全ての考え方や思想，感情，そして直観を含み，ここには科学，哲学，法学や宗教も含まれる．これらの探求の各段階が示すのは，環境史家はこれまでは歴史学以外の領域に属すると考えていたツールを備えなければならないということである．第一段階で必要なのは，自然科学の各領域，特に生態学への理解であることが示唆される．第二段階のツールは，技術の研究，人類学，そしてその下位区分である文化生態学や経済学に由来する．第三段階は多様な見方や価値観に関わり，人文科学の諸領域と幅広い思想を含む．もっとも，「そのような思想の実際の影響は，過去においても今も，経験的に追跡するのは極めて難しい」[7-8] (Worster 1988a: 302)．自然に関する思想はどの社会においてもたいてい複雑であり，ある程度矛盾しているものである．ウースターは最後に歴史と地理の関係の重要性を強調する．歴史家は時間に，地理学者は空間に注目するが，いずれも「人間と自然との基本的なつながりを見失っ

ては」ならない[7-9](Worster 1988a: 306). ウースターは我々に大きな課題を課している. というのも, 環境史のツールとして, 学問の世界の隅々で用いられている方法論を, すべてでないとしても, 大部分を駆使することを前提としているからである. 我々は人間と自然を研究の対象としているが, 人間, あるいは自然に関係するもので我々の探求の範囲の外に存在するものなどありうるだろうか. 我々は勇気を失わずにこの大変な挑戦に立ち向かわなければならない.

この挑戦を受けても前進する方法をキャロリン・マーチャントから学ぶことができるだろう. マーチャントが指摘する「環境史をする」ことへの五つのアプローチは, 環境史のほとんどの実践家が用いる方法を集約しているが, その他の可能性が論じ尽くされたわけではない. 一つ目のアプローチは, 人間と, 生態系を含む環境の様々な生物学的観点との相互関係に注目する. 二つ目は, 「生態学, 生産, 再生産, そして思想などの自然と人間の相互作用」の各段階の違いを分析する[7-10](Merchant 2002: xv). 三つ目のアプローチは環境政策や経済学, そして土地利用政策や資源利用政策を強調する. 四つ目は自然に関する思想の歴史で, 五つ目は, 環境史は多様な語り, すなわち人間と自然に関する物語, 人間の過去に基づく教訓を含む物語, あるいは現在または将来の決定についての助言を含む物語であるという考え方に立脚しており, 次に議論するクロノンの概説に似ている.

クロノンの「環境史をする」に関する助言は豊富で多様で, 要約するのが難しい. 私の考察は, 彼の論文「物語の場所――自然, 歴史, 語り」で明確にされている原則にとどめておきたい. クロノンは, 環境史家も, 他のすべての歴史家と同様に, 歴史の説明を物語の枠組みに落とし込むべきだと主張している. 物語を語るとき, 歴史家はその構想を構成する要素のいくつかを選択することで, 人工と自然との間の境界線を越えるのである. しかし, 歴史家は物語を自由に作って良いわけではなく, すべての物語が過去の有効な再現であるとは限らない. 語りには制約があり, クロノンはそのうち三つの制約を力説している.

第一に, 「物語は過去について既知の事実と矛盾してはならない」[7-11](Cronon 1992a: 1372). クロノンは, 例として, グレートプレーンズの歴史を, 黄塵地帯に触れずに継続的な進歩の歴史であると語ればそれは正しくない歴史となることを挙げた. 第二に環境史家たちは, 自然が彼らの物語を超えたとこ

ろに存在していると信じているため,「物語は生態学的に意味を成していなければならない」という特別な制約下にある[7-12](Cronon 1992a). 彼らは, 生態系が残す種々の記録や働きを, 生きているものにおいても生きていないものにおいても, 無視したり捏造したりしてはならない. これは, 環境史家が, 語られる物語の時間と場所を把握していなければならないことを示唆する. 最後は少し言い換えるが, 第三の制約は, 歴史家は所属する学術の共同体の一員として書かなければならないのであり, 仕事をする際にはそれらの共同体を考慮しなければならないということである[7-13](Cronon 1992a: 1373). ある段階としては, 語りを構築する過程において, 学者はお互いを尊重し有効な数々の批判を考慮しなければならないことを意味する. また別の段階では, 環境史家は, 人間の共同体という, より広い受け手に対して責任を有することを意味する. というのも, 環境史家の仕事は, 社会が直面する環境危機に関する決意と決定に向けた討議や協議に必要な注意喚起の手伝いをするからである.

　シモンズは, 環境史は科学的アプローチと人文学的アプローチを結びつけ, 両者の仲立ちをする方法と見ている. 文化的なあるいは自然の生態, つまり人間と環境との関係があるが, それぞれに段階や遷移がある. 環境史は, 時間の流れの中で両者の間にどのような相互作用が起きるか, あるいはどのような影響を与え合うか, その経過を研究する. もっとも, 文化が自然にもたらす様々な影響の方が, その逆の影響よりも問題を孕み, 興味深いものであることは理解できる. 文化的生態は, 歴史的にいくつかの段階を経ており, その各段階は環境との異なる相互作用によって特徴づけられる. ただし, 地域差があるため, それらの変化は世界全体で一様ではない. その各段階とは, 狩猟採集と初期農業, 河川流域の各文明, 各農業帝国, 大西洋工業時代, そして太平洋グローバル時代である. 自然生態もいくつかの段階を経て遷移するが, その様子は世界の地域ごとに異なり, 生態学者は遷移の過程の複雑性とランダム性をますます認めている. 歴史において, これらの生態環境が相互に作用し, その結果は, 地球規模の多様な場所でのモザイクとなり, 自然生態あるいは文化的生態の優位性はそれぞれの場所で程度が異なるのである. 安定した自己更新能力を備えた生物群集がそれまでの中間的な段階に取って代わる「極相」という考え方は, 現在では多くの問題を孕む. シモンズによると「異なる人間社会による自然界

の改変のあり方はすばらしく多様で」ある[7-14](Simmons 1993: 55). 彼は生態系に対する人間の行為を分類している. 例えば, 偏向遷移(自然遷移を, 人間に有用な初期段階に留めておくこと), 単一化, 消滅, 家畜化・栽培品種化, 多様化(外来種の導入も含む), そして保全である. シモンズは, 世界各地の生態系からこれらの過程の事例を提示し,「原生自然」は人間の変化の影響をあまり受けていない自然と定義し, それに対する様々な態度を議論している. 最後の段落[7-15](Simmons 1993: 188)は引用する価値がある.

> 我々は, 宇宙的, 生態学的そして文化的な尺度において進化する被造物である. 我々はまた後者二つに関しては創造主でもある. 後者の二つに関して, しかし, いずれにおいても, より以前に起こったことを無視できるような切断点は存在し得ない. 歴史は物語のタペストリー(綴れ織り)のようである. もしも細かく裁断して一部を箪笥にしまったら, 壁に掛けられたままになっている残りの部分を見ても我々には決してそれが何であるかは理解できないであろう.

環境史は, 自然から文化を切り離すことを拒絶し, 同じく環境史は, 地理から歴史を切り離してもいけない.

原典資料の探求

歴史学の方法を書くときに必ず強調されるのは, 証拠になる情報源つまり原典資料を探すことの重要性である. たくさんある原典資料の中でも, 原則としては, 研究対象の時代や場所の人々に近ければ近いほど良い. 概して書かれた原典資料つまり史料のことであるが, 可能な場合には口述の面談記録などによって補完されることもある. 一次資料に勝るものはないだろう. 例えば, ある将軍が戦闘前夜に自分の思いや考えを記録している日記の原本があるとしよう. これは, 交戦を目撃していない誰かによって後に書かれた二次的な記録よりは良いだろう. もちろん, 環境史家に期待されることは, 当然, 歴史学の方法を理解して使うこと, そして解明しようとしている問いに光を当てる可能性のある全ての記述資料を収集することである. 環境史家にとって, これらの資料には関係する文献や論文だけでなく, 場合によっては業務記録, 科学的な報告書,

新聞の記録，そしてその時代の人々の姿勢や考え方を明らかにしてくれる文学作品なども含まれる．ウェブサイトも極めて役に立つ場合もあるが，印刷物などと比べ短命である．つまり，研究者が再度見ようと思っていても，望んでいたページが削除されていることもある．

　環境史家にはもう一つの責務がある．それは，場所と親密になることである．太平洋諸島の島に生きる人々の格言にあるように，土地が真実を知っている．縄張り・領地（領域領土）には語るべき物語がある．文化的景観は一冊の本で，たとえそれがパランプセスト〔再利用された羊皮紙〕のように以前の記録が消されて上書きされていたとしても，それぞれのページは読むことができる．当然，その土地の言語を知ることが必要であり，これは場合によっては歴史学部以外の学部でしか得ることのできないツールを獲得することを意味する．優れた環境史をある国について書くにつけ，その地を一度も訪問したことがなくとも良いかもしれない．しかし，多くの困難や潜在的な間違いを伴うであろう．そのような作業は，私は真剣に避けたいと思う．少しでも可能ならその場所を実際に見てみよう．著作家は五感を晒して，地域固有の性質を感じ取ることで学ぶことが多い．オレゴン州の山頂に吹く海風の香り，ペルー，アマゾンの熱帯雨林で水滴を震わせるような声を出すオオツリスドリが巣へ帰る姿，トスカーナ地方特有の格子状模様の葡萄園，フィジーの沖合のサンゴ礁に打ち寄せる大波の振動で揺れる足元の砂，カルナタカの香辛料畑で味わう甘いココナッツ水．この中で本や随想の一節になるものは一つもないだろう．でも，それぞれがその場所の他の些細な情報と組み合わさり，読書からは通常得られない情報を形成するのである．

　人は，記憶でしか過去を訪問することはできない．私の友人で同僚でもある人物は，学者としての生涯をかけて古代ギリシアについて研究し，教鞭をとっていた．しかし，彼は何度もヨーロッパには足を運んでいたのにギリシアを訪問したことはなかった．私がその理由を尋ねたときに返ってきた答えは，「ペリクレスはもう家にいない」であった．確かにそうである．アテネ周辺の現在の文化的景観は，紀元前5世紀の黄金時代のアテネ人が眺めていたものとは違う．木々は少なくなっているし，古代の都市の6倍はありそうな都市が，山々に囲まれた谷間を埋め尽くしている．しかし，環境史家は，かつてどうであっ

たかを感じることはできるし，現代の風景の中に古代の輪郭をなぞることはできる．ペンテリコン山とヒュメットス山はそれぞれ大理石とハチミツの産地であるが，その山頂は今でも夕方の太陽の光を反射するし，アテネの人々の生活に最も大きな環境面での影響を与えてきたと思われる海は，今日もアッティカ半島の三方を囲んでいる．また今でも，古代も現代も変わらず地中海地方の主要生産物であるオリーブ，パン，そして葡萄酒で食事を作ることができる．

　環境そのものも，文書に書かれていること以上の貴重な証拠を提供しうる．考古学における技術の洗練によって，農場，田畑，そして砂糖農園などの工業的経営を地図化できるようになった．顕微鏡検査によって木片や木炭の破片から種を同定できるようになり，年輪年代学によって屋根の垂木などの年代を知ることができるようになった．花粉学では，湖底や洞窟など比較的未攪乱の場所での花粉の沈殿物を検査するが，局所環境における植生の歴史を追跡することができ，経年的な森林喪失と再生，農業生産される作物の作付け様式の変化などの証拠も得られる．堆積層の諸研究は，侵食の頻度の見積もりと，侵食された物質群の起源を示すことができる．南極圏やグリーンランドの氷床コアからは，過去の積雪層に閉じ込められた空気を基に，気候，そして大気中の気体や汚染物質などについての情報を得ることができる．環境史家たちは，これらの研究の報告書から自身の研究にうまく組み込めるような，あるいは難題となるような情報を得ることができる．もっとも，そのために新たな用語や統計学の基本を習得しなければならないかもしれない．

　実際，環境史家が，かつては自然史と名付けられていた枠組みの中にあった多種多様な関心事に熱意を抱くようになる可能性は十分にある．それは，研究対象の地域の地質，気候，植生，そして動物種を観察し，識別し，理解したいという願いである．ここでは測量野帳や直接観察，博物館の収蔵品や記録などに価値があると証明されるであろう．地質学的な例としては，ニューオーリンズの都市環境史を研究する者は，下にある地層には乾燥すると縮む沖積層の土壌が含まれることをまず知る必要がある．その事実によって都市域の大部分が海抜より低いところに位置する理由が説明でき，その結果慢性的な排水問題を引き起こし，壊滅的な洪水の条件を作っていることがわかる．ニューオーリンズ市の環境の不安定な側面は，2005年のハリケーン・カトリーナのはるか以

前に，環境史家アリ・ケルマンの『川とその街』[7-16](Kelman 2003)や歴史地理学者クレイグ・コルトンの『ある不自然な大都市』[7-17](Colten 2004)で指摘されていた．2人の著者とも，死者，病気，そして強制移転を伴うハリケーンは，2005年以前から長く繰り返されてきた同市の環境のあり方であったことを示している．ケルマンは，特に都市と川の間に二面的な関係を見出し，ニューオーリンズ市が商業的には川に依存している一方で，川から自らを隔離しようと，同市のそば，そして上を流れる川に背を向けていると指摘した．

　地域に生息している種を熟知していることは，その場所の生態が歴史的にどのように働いてきたか，議論をするための必要条件である．その局所地域においてどの種が野生でその土地の文化的景観の固有種なのか，そしてどれが移入種なのか．移入種といっても，飼育種として導入されたものが逃走し野生化して生き延びている種もあれば，自然環境に放された外来種もあるだろう．例えば，ハワイで木材として珍重されるコアは地域で進化したが，タロ芋(カロ)はポリネシア人の移住者が二艘型カヌーで運び込んだものであり，侵略性外来種で耐火性の強い噴水草〔ペンニセツム・セタケウム〕はアフリカ原産で，20世紀初頭に装飾用の園芸植物として植えられたが，次第に牧草地や溶岩原にも広がった．環境が，基準年として選ばれた過去のある時点にどのような状態で存在していたかを想像できれば，それ以降に人間の活動によって引き起こされた変化の推定が可能となるであろう．

教材・情報源

　環境史に関する蔵書を設置あるいは拡張している図書館がますます増えている．環境史の教育課程を持つ大学，またはこの分野で著名な研究者が在籍する大学の図書館でこのような傾向が見られることは想像に難くない．例えば，アメリカ合衆国ではアメリカ議会図書館はもちろん，カリフォルニア大学，デューク大学，カンザス大学，ウィスコンシン大学，メイン大学である．英国では，大英図書館，オックスフォード大学，ケンブリッジ大学，ダーラム大学，セント・アンドリュース大学，スターリング大学，そしてオーストラリア国立大学，ニュージーランドのオタゴ大学，南アフリカ大学も挙げられる．アメリカ環境

第7章 「環境史をする」について考える

史についてはコロラド州のデンバー公共図書館の保全図書館が長年にわたる図書・資料の取得を再開し，この分野の研究者に向けた特別研究員制度を支援している．私が最も言及しておきたいのは，ノースカロライナ州ダーラムにある森林史学会の図書館である．デューク大学と提携している同図書館は，おそらく世界最大で最も利用しやすい森林史そして環境史全般の蔵書を誇り，その中には珍しい写真や口述記録も含まれる．さらに，森林史，保全史，そして環境史に関する立派な文献目録を整理している．わかりやすいウェブサイトで蔵書検索も可能である[7-18](http://www.lib.duke.edu/forest/Research/databases.html)．ヨーロッパ環境史学会も文献目録を作成しており，これもネットで検索可能である[7-19](http://www.eseh.organization/bibliography.html)．もっとも，環境史のどの主題でも研究上の必要性は固有であるはずで，作業をする図書館を探すときはその必要性に照らして，当該図書館の蔵書の強みや弱みを詳しく確認することが大事である．これまでの章では環境史の多くの対象地域または各主題に関する文献を提案してきた．推奨された環境史に関する文献に記載されている文献目録，特に最近のものは役立つだろう．文献目録がなく脚注しかない場合は，さらに調査が必要となるかもしれないが，通常，注は本文と連動しているという利点がある．

　環境史の著作家にとって何よりも有効な準備は，今後の研究の参考となる模範的な本を注意深く読むことである．読む本は，時の試練を経て生き残り思慮深い再考を促しているような古典でも，最近の著作でも良い．最近の著作を選ぶ場合は，学識や方法論の上で最先端をいく，論争を呼んでいるようなものが良いだろう．このことは，読もうとする本が研究者の研究主題と異なっていても同様に言える．私は，この本が読者の模範となるような著者を見つける一助となることに期待する．しかし，学問の世界ではいつもそうであるように，どのような選択にも議論の余地があり，私自身も本書の中で意図せずに複数の偉業に触れそびれているかもしれない．幾人かの名前は，ほとんど普遍的に認められた環境史の第一人者としてどの目録にも登場しており，その何人かは本書の巻末の文献目録で見つけることができるだろう．一方，環境史の分野が現在，若手または以前まで無名だった研究者の活躍により活気に満ちていることを背景に，わかりやすい優れた新著が毎月のように出版されている．これまでよく

知られていなかった研究者たちの論文も，研究アプローチ，方法論，洞察力，そして文体において手本にできるところが多いため，それらも見つけて読んでほしい．

これらの本を書いている人々というのは単に著者ではない．彼らは概して興味深い人たちで，時間と機会がある限り，喜んで自分の洞察を聞かせてくれる．環境史の文化を理解する一つの方法は，様々な学会や研究会に出席し，環境史家たちが研究成果を発表し，お互いに質問をしたり，批判をしたりするのを実際に確認することである．もちろん，学会の大会での成果の半分は論文発表が行われる公式の部会の外で，すなわち休憩時にコーヒーを飲みながら，広間やロビーで，会場近くのレストランやバーなどで，掲示板や口頭で伝えられる臨時会合などで，そして，環境的に，または歴史的に関心の高い場所へのエクスカーションなどで起こる．例えば，ヨーロッパ環境史学会の大会プログラムの一部として計画されたエクスカーションで，これまでにスコットランドの漁村，チェコの城，そしてフィレンツェの地図文書館を訪れたことがある．いずれも気の合う同僚と一緒である．複数の学会（ほとんどが毎年または隔年に定期的な大会を開催している）が，複数の大学，学部，博物館，研究所，そして報道機関とともに「環境史の諸団体の国際協会」(ICEHO)を設立している．各参加団体の情報はICEHOのウェブサイトに貼ってあるリンク[7-20] (http://www.lib.duke.edu/forest/Events/ICEHO)をたどって得ることができる．また，歴史環境談論ネットワーク(H-Environment Discussion Network) [7-21] (http://www.h-net.org/~environ/)を覗く，あるいは登録すれば，書評，ニュースその他の多くの情報が得られる．環境史はフェイスブックにも登録名簿がある．

結び——環境史の将来に向けて

環境史は急速に成長している分野である．ジョン・R.マクニールが嘆いたように「歩調を合わせられる人間はいない」[7-22] (McNeill 2003: 42)．彼はまさにその価値ある努力をしてきたので最もよく知っているはずである．急速な成長というのは若い有機体の特徴であり，通常は成熟，そして衰退と続く．しかし，人間の活動では，満たされる必要がある限り成長は続く．環境史には多く

インド，デリーのレッドフォート(デリー城)を訪問する児童や教師たち．環境教育を含む教育は，将来に向けて最も必要なことの一つ．筆者撮影(1992年)

の必要性があるようで，予測できる未来においてその必要性は無くなりそうにない．

　歴史学という専門は，結局，生徒や一般の人々がその消費者でありながら後援者でもあるから，彼らの知的好奇心を刺激し，興味を誘わなければならない．そのためには，常に新しい観点を必要としている．環境史が提供するものがそれであるが，歴史学が知的に生き生きとしたものとして，また学生や一般の人たちにとって興味深いものでありつづけるためにはその必要がある．幸いなことに，当初は抵抗にあっていたが，その時代を経て，この専門分野はその会合や雑誌を古い方法に挑む研究に開放した結果，叡智を得た．アメリカ歴史学会は，1884年に創設されたアメリカ合衆国最大の歴史家の団体であるが，2012年にウィリアム・クロノンを学会長に選出した．これまでに，セオドア・ルーズベルトやウッドロー・ウィルソンも学会長を務めている．

　いくつかの国の大学で環境史の授業が行われるようになり，職務内容に環境史が記載されるような職種が登場している．中等教育においても環境史が教えられるようになった．環境史のいろいろな考え方や研究法は，確立された歴史学の多くの下位区分での著述に新たな側面を加え，「環境史とは何か」の問いはかつてのようには厄介な挑戦でなくなった．その決定的な解の難しさは変わらないものの，今や歴史家の間での哲学的な問いかけになっている．

環境史がこれだけ粘り強く残っていることには，他にもう一つもっともな理由がある．それは，環境史が学際的思考に道を開いたことにあり，また，異なった専門的背景を有した学者たちの協働も開始させたことにある．このことは多くの地理学者や歴史家たちに，領域の重なる部分で成し遂げられることが多数あることを認識させた．この現象に関するアラン・H. R. ベイカーの『地理学と歴史学——相違点の橋渡しをする』の研究は充実している[7-23](Baker 2003). アメリカ地理学会の雑誌『地理評論』Geographical Review は1998年に特別号「歴史地理学と環境史」を出し，クレイグ・E. コルトンによる同じ表題の序論やマイケル・ウィリアムズの優れた論文「現代史の終焉？」を掲載した[7-24](Colten 1998; Williams 1998). ウィリアムズは「環境史と歴史地理学の様々な関係性」[7-25](Williams 1994)も書いている．さらに隔たりが著しく大きいと思われる歴史学と生態の科学との橋渡しの要請もあり，何人かの環境史家が挑んでいる．中でもドナルド・ウースターの『自然の経済(ネイチャーズ・エコノミー)』[7-26](Worster 1977)は特筆すべきである．残念ながら科学の側からはこの溝を埋める働きかけは乏しいが，数は少ないものの優れた研究は見られる．中でも，フランク・ベンジャミン・ゴーリーの『一つの歴史——生態系を生態学でいかに描くか』[7-27](Golley 1996)は触れておくに値する．

　おそらく，環境史が成長を続ける最も差し迫った理由は，環境への関心が持続することが確実であるからではないだろうか．これは地球上の各地の思慮深い評論家たちが，人間がこの惑星の生物系に及ぼす影響の拡大は我々を理想郷に近づけるどころか，生存の危機に陥れているという認識を強めていることによる．21世紀の残りの数十年を見渡すと，いくつかの主題は今後も世界の環境変化の過程を特徴づけるであろうことが確実のように思える．持続可能性とは何か？　それは達成されたことが過去にあったのだろうか．世界規模の気候変動はどのような影響をもたらしてきたのだろうか．

　主題の一つである人口成長は，乗数的に人間による地球への圧力となる．人口増加率は緩やかになりつつあるが，人口はすでに歴史上前例のない規模に到達しており，引き続き絶対数で拡大している．もう一つの主題は，環境に影響を及ぼす政策を決定する際に起こる，局所地域の社会組織とより規模の大きい組織(国レベルの組織と国際組織)との対立関係である．例えば，多国籍企業に立

「ロンサム(孤独な)ジョージ」．ジョージはピンタ島在来のゾウガメの最後の個体だった．エクアドル，ガラパゴス諸島，サンタ・クルス島のチャールズ・ダーウィン研究所にて．2012年のジョージの死でこの亜種は絶滅した．前景は有名な「ダーウィンのフィンチ」の例．筆者撮影(1996年)

ち向かおうとする小国は，自国の土地や森林の利用を制限することができないかもしれない．さらに第三の主題としては，生物多様性への多種多様な脅威が挙げられる．これには，動植物の種の絶滅，侵略的外来種の導入，そして遺伝子組み換え生物の多様でありながら未知数の影響なども含まれる．第四は，水などの生活必需品を含むエネルギーや様々な原材料の需給の差が埋まってきていること，そして一部の資源については事実上枯渇する可能性があることである．クリストフ・マウフとリビー・ロビンの編纂による論文集『環境史の周縁とその鋭さ』[7-28](Mauch and Robin eds. 2014)には他の主題も提示されている．どの主題もそれぞれにおいて挑戦的であるが，集合体としても，一連の変化がどのようなものであれば好ましい反応が生まれるかが問われており，人間の創造性が試されている．環境史の意義が増していることは人間の不幸に起因している．このことは，戦争，テロリズム，または経済的な不正義を改善することよりも，さらにより困難な人間の不幸に起因しているということであり，残念なことである．しかし環境史は，答えを模索する過程で，現状をもたらした歴史的な過程に関する知識，過去の問題とその解決に関する多くの例，そして論じなければならないこととしての歴史の諸力〔歴史を動かす力と歴史が動く力〕の

分析を示し，本質的な見方を提供できる．このような見方がなくては，意思決定は，狭く特定の関係者の利害に基づく近視眼的な政治的議論の犠牲になってしまう．これらの短期的な思考が基盤にしているのは特殊利害の諸相である．環境史は安易な答えに対する有益な修正となりうるのである．

参考文献

＊原書の主要文献欄及び各章の注で紹介された文献をまとめて掲載した．

[SB]：原書の主要文献目録(Select Bibliography)に掲載されている文献をさす．
[4-77]：4章注77に紹介されている文献をさす．

Aarnio, T., J. Kuparinen, F. Wulff, S. Johansson, Simo Laakkonen, and E. Kessler, eds. (2007). *Science and Governance of the Baltic Sea*. Stockholm: Kungliga Svenska Vetenskapsakademien.[4-77]

Acot, Pascal(1988). *Histoire de l'écologie*. Paris: Presses Universitaires de France.[4-47]

Agnoletti, Mauro, Marco Armiero, Stefania Barca, and Gabriella Corona, eds.(2005). *History and Sustainability*. Florence: University of Florence, Dipartimento di Scienze e Tecnologie Ambientali e Forestali.[4-28]

Amorim, Inês and Stefania Barca(2012). "Environmental History in Portugal," *Environment and History* 18, no. 1: 155-8.[4-104]

Anderson, Anthony B., Peter H. May, and Michael J. Balick(1991). *The Subsidy from Nature: Palm Forests, Peasantry, and Development on an Amazon Frontier*. New York: Columbia University Press.[6-40]

Anderson,David and Richard Grove, eds.(1987). *Conservation in Africa: People, Policies, and Practice*. Cambridge: Cambridge University Press.[4-206]

Anker, Peder(2001). *Imperial Ecology: Environmental Order in the British Empire, 1895-1945*. Cambridge, MA: Harvard University Press.[5-54]

Armiero, Marco and Marcus Hall, eds.(2010). *Nature and History in Modern Italy*. Athens: Ohio University Press.[4-107]

Arnold, David and Ramachandra Guha, eds.(1995). *Nature, Culture, Imperialism: Essays on the Environmental History of South Asia*. New Delhi: Oxford University Press.[4-121, 124]

Badré, BadréLouis(1983). *Histoire de la forêt française (History of the French Forest)*. Paris: Les Éditions Arthaud.[4-51]

Bailes, Kendall E., ed.(1995). *Environmental History: Critical Issues in Comparative Perspective*. Lanham, MD: University Press of America.[4-7]

Baker, Alan H. R.(2003). *Geography and History: Bridging the Divide*. Cambridge: Cambridge University Press; アラン・ベイカー／金田章裕監訳『地理学と歴史学——分断への架け橋』原書房，2009年.[SB][7-23]

Bao Maohong(2004). "Environmental History in China," *Environment and History* 10, no. 4: 475-99.[SB][4-139, 140]

Baumek, Erika Marie, David Kinkela, and Mark Atwood Lawrence, eds.(2013). *Nation-States and the Global Environment: New Approaches to International Environmental History*. Oxford: Oxford University Press.[5-35]

Beattie, James(2012). "Recent Themes in the Environmental History of the British Empire," *History Compass* 10, no. 2: 129-39.[SB]

Behringer, Wolfgang(2009). *A Cultural History of Climate*. Cambridge: Polity.[5-49]

143

Beinart, William (2000). "African History and Environmental History," *African Affairs* 99: 269-302. [SB] [4-209, 218] [5-53]

Beinart, William (2003). *The Rise of Conservation in South Africa: Settlers, Livestock, and the Environment, 1770-1950*. Oxford: Oxford University Press. [4-209]

Beinart, William and Peter Coates (1995). *Environment and History: The Taming of Nature in the USA and South Africa*. London: Routledge. [4-218]

Beinart, William and Lotte Hughes (2009). *Environment and Empire*. Oxford: Oxford University Press. [5-53]

Bernhardt, Christoph and Geneviève Massard-Guilbaud, eds. (2002). *Le Démon moderne: La pollution dans les sociétés urbaines et industrielles d'Europe* (*The Modern Demon: Pollution in Urban and Industrial European Societies*). Clermont-Ferrand: Presses Universitaires Blaise-Pascal. [4-54]

Bess, Michael (2004). *The Light-Green Society: Ecology and Technological Modernity in France, 1960-2000*. Chicago: University of Chicago Press. [4-53]

Bess, Michael, Cioc, Mark, and Sievert, James (2000). "Environmental History Writing in Southern Europe," *Environmental History* 5, no. 4: 545-56. [SB] [4-27]

Bevilacqua, Piero (1996). *Tra natura e storia: Ambiente, economie, risorse in Italia* (*Between Nature and History: Environment, economy, and resources in Italy*). Rome: Donzelli. [4-106]

Bevilacqua, Piero (2002). *La mucca è savia: Ragioni storiche della crisi alimentare europea* (*The Savvy Cow: History of the European Food Crisis*). Rome: Donzelli. [4-105]

Belich, James (1996). *Making Peoples: A History of the New Zealanders from Polynesian Settlement to the End of the Nineteenth Century*. Auckland: Penguin Press. [4-186]

Belich, James (2001). *Paradise Reforged: A History of the New Zealanders from the 1880s to the Year 2000*. Honolulu: University of Hawaii Press. [4-186]

Bender, Helmut (1994). "Historical Environmental Research from the Viewpoint of Provincial Roman Archaeology," in Burkhard Frenzel, ed., *Evaluation of Land Surfaces Cleared from Forests in the Mediterranean Region during the Time of the Roman Empire*. Stuttgart: Gustav Fischer Verlag, pp. 145-56. [4-243]

Bilsky, Lester J. (1980). "Ecological Crisis and Response in Ancient China," in Lester J. Bilsky, ed., *Historical Ecology: Essays on Environment and Social Change*. Port Washington, NY: Kennikat Press, pp. 60-70. [4-147]

Bilsky, Lester J., ed. (1980). *Historical Ecology: Essays on Environment and Social Change*. Port Washington, NY: Kennikat Press. [5-27]

Binnema, Theodore (2001). *Common and Contested Ground: A Human and Environmental History of the Northwest Plains*. Norman: University of Oklahoma Press. [4-14]

Bird, Elizabeth Ann R. (1987). "The Social Construction of Nature: Theoretical Approaches to the History of Environmental Problems," *Environmental Review* 11, no. 4: 255-64. [SB]

Blum, Elizabeth D. "Linking American Women's History and Environmental History: A Preliminary Historiography." ASEH website, at, as of August, 2005: http://

www.h-net .org/~environ/historiography/uswomen.htm.[SB][3-56]
Bocking , Stephen(1997). *Ecologists and Environmental Politics: A History of Contemporary Ecology*. New Haven, CT: Yale University Press.[4-18]
Bocking, Stephen, ed.(2005). "The Nature of Cities," guest editor, special issue of *Urban History Review* 34, no. 1.[4-20]
Boime, Eric(2008). "Environmental History, the Environmental Movement, and the Politics of Power," *History Compass* 6, no. 1: 297-313.[SB]
Bolton, Geoffrey(1992)/(1st edn. 1981). *Spoils and Spoilers: A History of Australians Shaping Their Environment, 1788-1980*. Sydney: Allen and Unwin.[4-171]
Bonnifield, Paul(1979). *The Dust Bowl: Men, Dirt, and Depression*. Albuquerque: University of New Mexico Press.[3-23]
Bonyhady, Tim(1993). *Places Worth Keeping: Conservationists, Politics, and Law*. St. Leonards, NSW: Allen and Unwin.[4-180]
Bonyhady, Tim(2000). *The Colonial Earth*. Carleton: Miegunyah Press.[4-183]
Boomgaard, Peter, Freek Colombijn, and David Henley, eds.(1997). *Paper Landscapes: Explorations in the Environmental History of Indonesia*. Leiden: KITLV Press.[4-138]
Boomgaard, Peter(2001). *Frontiers of Fear: Tigers and People in the Malay World, 1600-1950*. New Haven: Yale University Press.[4-137]
Boomgaard, Peter(2006). *Southeast Asia: An Environmental History*. Santa Barbara: ABC-CLIO.[4-136]
Bowlus, Charles R.(1980). "Ecological Crises in Fourteenth Century Europe," in Bilsky, Lester J., ed., *Historical Ecology: Essays on Environment and Social Change*. Port Washington, NY: Kennikat Press, pp. 86-99.[4-239]
Boyden, Stephen(1992). *Biohistory: The Interplay between Human Society and the Biosphere*. Paris: UNESCO.[5-13]
Boyer, Christopher R., ed.(2012). *Land between Waters: Environmental Histories of Modern Mexico*. Tucson: University of Arizona Press.[4-232]
Brady, Lisa(2008)"Life in the DMZ: Turning a Diplomatic Failure into an Environmental Success," *Diplomatic History* 32: 585-611.[4-157]
Bramwell, Anna(1985). *Blood and Soil: Richard Walther Darré and Hitler's "Green Party."* Abbotsbrook, Bourne End, Bucking- hamshire: Kensal Press.[4-59]
Braudel, Fernand(1972)/(1st edn. 1949)/(2nd edn. 1966). *The Mediterranean and the Mediterranean World in the Age of Philip II*, trans. Siân Reynolds. New York: Harper & Row;フェルナン・ブローデル／浜名優美訳『地中海』(普及版，全5冊) 藤原書店，2004年[2-43, 44, 45, 46, 47][6-48]
Brinkley, Douglas(2009). *The Wilderness Warrior: Theodore Roosevelt and the Crusade For America*. New York: HarperCollins.[3-38]
Brimblecombe, Peter(1987). *The Big Smoke: A History of Air Pollution in London Since Medieval Times*. London: Methuen.[4-39]
Brimblecombe, Peter and Christian Pfister(1990). *The Silent Countdown: Essays in European Environmental History*. Berlin: Springer-Verlag.[4-29]
Brooke, John L.(2014). *Climate Change and the Course of Global History: A Rough Journey*. Cambridge: Cambridge University Press.[5-48]

Brown, Philip C.(2011). *Cultivating Commons: Joint Ownership of Arable Land in Early Modern Japan*. Honolulu: University of Hawaii Press.[4-161]

Bruno, A.(2007)"Russian Environmental History: Directions and Potentials." *Kritika: Explorations in Russian and Eurasian History* 8: 635-50.[SB]

Bullard, Robert D., ed.(1994). *Unequal Protection: Environmental Justice and Communities of Color*. San Francisco: Sierra Club Books.[3-53]

Burke, Edmund III, and Pomeranz, Kenneth, eds.(2009). *The Environment and World History*. Berkeley: University of California Press.[SB][5-32]

Burke, Peter(1990). *The French Historical Revolution: The Annales School, 1929-89*. Stanford, CA: Stanford University Press; ピーター・バーク／大津真作訳『フランス歴史学革命——アナール学派1929-89年』岩波書店，1992年；岩波モダンクラシックス，2005年.[2-37]

Butzer, Karl W.(2005). "Environmental History in the Mediterranean World: Cross-Disciplinary Investigation of Cause- and-Effect for Degradation and Soil Erosion," *Journal of Archaeological Science* 32: 1773-800.[4-97]

Carey, Mark(2010). *In the Shadow of Melting Glaciers: Climate Change and Andean Society*. New York: Oxford University Press.[4-238]

Carlson, Hans(2009). *Home is the Hunter: The James Bay Cree and Their Land*. Seattle: University of Washington Press.[4-14]

Carroll, Harry J. Jr., et al.,(1962). *The Development of Civilization: A Documentary History of Politics, Society, and Thought*. Chicago: Scott, Foresman, , 2 vols., to give one example.[5-66]

Carruthers, Jane(1995). *The Kruger National Park: A Social and Political History*. Pietermaritzburg: University of Natal Press.[4-215]

Carruthers, Jane(2003). "Environmental History in Southern Africa: An Overview," in Stephen Dovers, Ruth Edgecombe, and Bill Guest, eds., *South Africa's Environmental History: Cases and Comparisons*. Athens: Ohio University Press. pp. 3-18.[SB]

Carruthers, Jane(2004). "Africa: Histories, Ecologies and Societies," *Environment and History* 10, no. 4: 379-406.[SB][4-205]

Carson, Rachel(1962). *Silent Spring*. Boston, MA: Houghton Mifflin; レイチェル・カーソン／青樹簗一訳『沈黙の春』新潮文庫，1974年.[3-8]

Castonguay, Stéphane(2004). *Protection des cultures, construction de la nature: L'entomologie economique au Canada*. Saint-Nicolas: Septentrion.[4-18]

Castonguay, Stephen and Michele Dagenais(2011). *Metropolitar Natures: Environmental Histories of Montreal*. Pittsburgh: University of Pittsburgh Press.[4-22]

Castro Herrera, Guillermo(1997). "The Environmental Crisis and the Tasks of History in Latin America," *Environment and History* 3, no. 1: 1-18.[SB]

Castro, Guillermo(1995). *Los Trabajos de Ajuste y Combate: Naturaleza y sociedad en la historia de América Latina (The Labors of Conflict and Settlement: Nature and Society in the History of Latin America)*. Bogotá/La Habana: CASA/Colcultura.[4-226]

Catton, William R. Jr. and Riley E. Dunlap(1980). "A New Ecological Paradigm for Post-Exuberant Sociology," *American Behavioral Scientist* 24, no. 1: 15-47.[1-28]

参考文献

Chakrabarti, Ranjan, ed.(2006). *Does Environmental History Matter? : Shikar, Subsistence, Sustenance and the Sciences*. Kolkata: Readers Service.[SB][4-131, 133]

Chakrabarti, Ranjan(2007). *Situating Environmental History*. New Delhi: Manohar. [SB][4-132]

Chandran, M. D. Subash and J. Donald Hughes(2000). "Sacred Groves and Conservation: The Comparative History of Traditional Reserves in the Mediterranean Area and in South India," *Environment and History* 6, no. 2: 169-86.[4-122]

Chew, Sing C.(2001). *World Ecological Degradation: Accumulation, Urbanization, and Deforestation, 3000 BC - AD 2000*. Walnut Creek, CA: Rowman & Littlefield.[5-23, 24]

Cicero, Cicero, trans.H. Rackham(1951). *De Natura Deorum*, trans. H. Rackham. Cambridge, MA: Harvard University Press.[2-19]

Cioc, Mark(2002). *The Rhine: An Eco-Biography, 1815-2000*. Seattle: University of Washington Press.[4-61]

Cioc, Mark(2004). "Germany," in Shepard Krech III, J. R. McNeill, and Carolyn Merchant, eds., *Encyclopedia of World Environmental History*, 3 vols. New York: Routledge, vol. 2, pp. 584-587.[4-60]

Cioc, Mark, Björn-Ola Linnér, and Matt Osborn(2000). "Environmental History Writing in Northern Europe," *Environmental History* 5, no. 3: 396-406.[SB][4-26][5-18]

Clapp, B. W.(1994). *An Environmental History of Britain since the Industrial Revolution*. London: Longman.[4-38]

Coates, Peter. "Clio's New Greenhouse(1996)." *History Today* 46, no. 8: 15-22.[SB]

Coates, Peter(2004a). "Emerging from the Wilderness(or, from Redwoods to Bananas): Recent Environmental History in the United States and the Rest of the Americas," *Environment and History* 10, no. 4: 407-38.[SB][4-9]

Coates, Peter(2004b). *Nature: Western Attitudes Since Ancient Times*. Berkeley: University of California Press.[1-18]

Coggins, Chris(2003). *The Tiger and the Pangolin: Nature, Culture, and Conservation in China*. Honolulu: University of Hawaii Press.[4-148]

Cohen, Michael P.(1988). *The History of the Sierra Club, 1892-1970*. San Francisco: Sierra Club Books.[3-46]

Cohen, Michael P.(1984). *The Pathless Way: John Muir and American Wilderness*. Madison: University of Wisconsin Press.[3-34]

Colten, Craig E.(1998). "Historical Geography and Environmental History." *Geographical Review* 88, no. 2: iii-iv and 275-300.[SB][7-24]

Colten, Craig E.(2004). *An Unnatural Metropolis: Wresting New Orleans from Nature*. Baton Rouge: Louisiana State University Press.[7-17]

Colten, Craig E.(2014). *Perilous Place, Powerful Storms: Hurricane Protection in Coastal Louisiana*. Jackson: University of Mississippi Press.[6-34]

Corona, Gabriella, ed.(2009). "What is Global Environmental History?" *Global Environment* 2.: 228-49.[SB]

Corvol, Andrée(1987). *L'Homme aux bois: Histoire des relations de l'homme et de la forêt, XVIIIe-XXe siécles (Man in the Woods: A history of Human-Forest Rela-

tions, Eighteenth to the Twentieth Centuries). Paris: Fayard.[4-51]
Costanza, Robert, John Cumberland, Herman E. Daly, Robert Goodland, and Richard Norgaard(1997). *An Introduction to Ecological Economics*. Boca Raton, FL: St. Lucie Press.[5-67]
Cowdrey, Albert E.(1983). *This Land, This South: An Environmental History*. Lexington: University of Kentucky Press.[3-29]
Cox, Thomas R., Robert S. Maxwell, and Philip D. Thomas, editors(1985). *This Well-Wooded Land: Americans and Their Forests from Colonial Times to the Present*. Lincoln: University of Nebraska Press.[3-69]
Creel, Herrlee G.,(1953). *Chinese Thought from Confucius to Mao Tse-tung*. Chicago: University of Chicago Press.[2-14]
Cronon, William(1983). *Changes in the Land: Indians, Colonists, and the Ecology of New England*. New York: Hill and Wang; ウィリアム・クロノン／佐野敏行・藤田真理子訳『変貌する大地——インディアンと植民者の環境史』勁草書房, 1995年.[3-26]
Cronon, William(1992a). "A Place for Stories: Nature, History, and Narrative," *Journal of American History* 78, no. 4: 1347-76.[SB][1-2][3-23][7-4, 11, 12, 13]
Cronon, William(1992b). *Nature's Metropolis: Chicago and the Great West*. New York: W. W. Norton.[3-50]
Cronon, William(1993). "The Uses of Environmental History," *Environmental History Review* 17, no. 3: 1-22.[SB][6-6]
Cronon, William, ed.(1995). *Uncommon Ground: Toward Reinventing Nature*. New York: W. W. Norton.[6-9, 10]
Crosby, Alfred W.(1972). /(30th edn. 2003). *The Columbian Exchange: Biological and Cultural Consequences of 1492*. Westport, CT: Greenwood Press.[1-9, 29, 30][3-14][4-234][5-5][6-12]
Crosby, Alfred W.(1994). *Germs, Seeds, and Animals: Studies in Ecological History*. Armonk, NY: M. E. Sharpe.[5-6]
Crosby, Alfred W.(1995). "The Past and Present of Environmental History," *American Historical Review* 100, no. 4: 1177-89.[SB][3-64]
Crosby, Alfred W.(2004)/(1st edn. 1986). *Ecological Imperialism: The Biological Expansion of Europe, 900-1900*. Cambridge: University of Cambridge Press; アルフレッド・W. クロスビー／佐々木昭夫訳『ヨーロッパ帝国主義の謎——エコロジーから見た10〜20世紀』岩波書店, 1998年；同訳『ヨーロッパの帝国主義——生態学的視点から歴史を見る』ちくま学芸文庫, 2017年.[4-191][5-6, 51]
Cruikshank, Ken and Nancy B. Bouchier(2004). "Blighted Areas and Obnoxious Industries: Constructing Environmental Inequality on an Industrial Waterfront, Hamilton, Ontario, 1890-1960," *Environmental History* 9: 464-96.[4-21]
Culliney, John L.(2006). *Islands in a Far Sea: The Fate of Nature in Hawaii*. Honolulu: University of Hawaii Press.[4-200]
Cutright, Paul R.(1985). *Theodore Roosevelt: The Making of a Conservationist*. Chicago: University of Illinois Press.[3-38]
Dagenais, Michelle(2005). "Fuir la ville: villégiature et villégiatures dans la region de Montréal, 1890-1940," *Revue d'histoire de l'Amerique française* 58, no. 3.[4-19]

Daley, Ben (2014). *The Great Barrier Reef: An Environmental History*. London: Routledge. [4-177]

Daly, Herman E. (1980). "Growth Economics and the Fallacy of Misplaced Concreteness: Some Embarrassing Anomalies and an Emerging Steady-State Paradigm," *American Behavioral Scientist* 24, no. 1: 79–105. [1-28]

Daly, Herman E. (2010). *Ecological Economics, Second Edition: Principles and Applications*. Washington, DC: Island Press; ハーマン・E. デイリー／佐藤正弘訳『エコロジー経済学——原理と応用』NTT 出版, 2014 年. [5-67]

Darby, H. C. (1976). *A New Historical Geography of England*. 2 vols.: *Before 1600; After 1600*. Cambridge: Cambridge University Press. [4-33]

D'Arcy, Paul (2005). *The People of the Sea: Environment, Identity, and History in Oceania*. Honolulu: University of Hawaii Press. [4-198]

Dargavel, John (1995). *Fashioning Australia's Forests*. Oxford: Oxford University Press. [4-174]

Dargavel, John, Kay Dixon, and Noel Semple, eds. (1988). *Changing Tropical Forests: Historical Perspectives on Today's Challenges in Asia, Australasia and Oceania*. Canberra: Australian National University. [4-194]

Dargavel, John, ed. (1995). *Australia's Ever-Changing Forests*, Canberra, CRES (Centre for Resource and Environmental Studies, Australian National University), 1988, 1993, 1997, 1999, 2002. Melbourne: Oxford University Press. [4-175]

Davis, Diana K. (2007). *Resurrecting the Granary of Rome: Environmental History and French Colonial Expansion in North Africa*. Columbus: Ohio University Press. [1-44] [4-114]

Davis, Mike (1998). *The Ecology of Fear: Los Angeles and the Imagination of Disaster*. New York: Metropolitan Books. [3-51]

Davis, Mike (2001). *Late Victorian Holocausts: El Niño Famines and the Making of the Third World*. London: Verso. [1-54]

De Molina, Manuel Gonzáles and J. Martínez-Alier, eds. (2001). *Naturaleza Transformada: Estudios de Historia Ambiental en España* (*Nature Transformed: Studies in Environmental History in Spain*). Barcelona: Icaria. [4-100]

Dean, Warren (Author), Stuart B. Schwartz (Foreword) (1995). *With Broadax and Firebrand: The Destruction of the Brazilian Atlantic Forest*. Berkeley: University of California Press. [1-5] [4-236] [6-16]

Dean, Warren (2002) / (1st edn. 1987). *Brazil and the Struggle for Rubber: A Study in Environmental History*. Cambridge: Cambridge University Press. [4-237]

d'Eaubonne, Françoise (1974). *Le Féminisme ou la mort* (*Feminism or Death!*). Paris: Horay. [4-49]

Decker, Jody F. (1996). "Country Distempers: Deciphering Disease and Illness in Rupert's Land before 1870," in Jennifer Brown and Elizabeth Vibert, eds., *Reading Beyond Words: Documenting Native History*. Calgary: Broadview Press, pp. 156–181. [4-14]

Demeritt, David (1994). "The Nature of Metaphors in Cultural Geography and Environmental History," *Progress in Human Geography* 18: 163–85. [SB]

Diamond, Jared (1997). *Guns, Germs, and Steel: The Fates of Human Societies*. New

York: W. W. Norton; ジャレド・ダイアモンド／倉骨彰訳『銃・病原菌・鉄――1万3000年にわたる人類史の謎』(上下)草思社, 2000年(草思社文庫, 2012年).[1-6][5-14]

Diamond, Jared(2005a). "Twilight at Easter," in *Collapse: How Societies Choose to Fail or Succeed*. New York: Viking, pp. 79-119.[4-202](下記邦訳『文明崩壊』上巻, 第2章「イースターに黄昏が訪れるとき」)

Diamond, Jared(2005b). *Collapse: How Societies Choose to Fail or Succeed*. New York: Viking; ジャレド・ダイアモンド／楡井浩一訳『文明崩壊――滅亡と存続の命運を分けるもの』(上下)草思社, 2005年(草思社文庫, 2012年).[5-15]

Dominick, Raymond H.(1992). *The Environmental Movement in Germany: Prophets and Pioneers, 1871-1971*. Bloomington: Indiana University Press.[4-62]

Dorsey, Kurkpatrick(1998). *The Dawn of Conservation Diplomacy: US-Canadian Wildlife Protection Treaties in the Progressive Era*. Seattle: University of Washington Press.[4-17]

Dovers, Stephen(1994a). "Australian Environmental History: Introduction, Reviews and Principles," in Dovers, ed., *Australian Environmental History: Essays and Cases*. Oxford: Oxford University Press, pp. 1-20.[SB][1-23]

Dovers, Stephen(1994b). "Sustainability and 'Pragmatic' Environmental History: A Note from Australia," *Environmental History Review* 18, no. 3: 21-36.[SB]

Dovers, Stephen(2000a). "On the Contribution of Environmental History to Current Debate and Policy," *Environment and History* 6, no. 2: 131-50.[SB]

Dovers, Stephen(2000b)*Environmental History and Policy: Still Settling Australia*. Melbourne: Oxford University Press.[4-170]

Dovers, Stephen, ed.(1994). *Australian Environmental History: Essays and Cases*. Melbourne: Oxford University Press.[4-170]

Dovers, Stephen, Edgecombe, Ruth, and Guest, Bill, eds.(2003). *South Africa's Environmental History: Cases and Comparisons*. Athens, OH: Ohio University Press, pp. 3-18.[SB]

Doyle, Timothy and Sherilyn MacGregor, eds.(2013). *Environmental Movements Around the World: Shades of Green in Politics and Culture*. Santa Barbara, CA: Praeger.[5-61]

Drayton, Richard(2000). *Nature's Government: Science, Imperial Britain, and the "Improvement" of the World*. New Haven, CT: Yale University Press.[5-55]

Drouin, J. M.(1991). *Réinventer la nature: l'ecologie et son histoire*. Paris: Desclée de Brower.[4-47]

Dunlap, Riley E.(1980). "Paradigmatic Change in Social Science: From Human Exemptions to an Ecological Paradigm," *American Behavioral Scientist* 24, no. 1: 5-14.[1-27]

Dunlap, Thomas(1999). *Nature and the English Diaspora: Environment and History in the United States, Canada, Australia, and New Zealand*. Cambridge: Cambridge University Press.[5-60]

Earle, Carville(1988). "The Myth of the Southern Soil Miner: Macrohistory, Agricultural Innovation, and Environmental Change," in Donald Worster, ed., *The Ends of the Earth*. Cambridge: Cambridge University Press, pp. 175-210.[3-30]

Eliasson, Per, ed.(2004). *Learning from Environmental History in the Baltic Countries*. Stockholm: Liber Distribution.[4-72]

Elvin, Mark and Liu Tsui-jung, eds.(1998). *Sediments of Time: Environment and Society in Chinese History*. Cambridge: Cambridge University Press.[4-143]

Elvin, Mark(2004). *The Retreat of the Elephants: An Environmental History of China*. New Haven, CT: Yale University Press.[4-142]

Endfield, Georgina H.(2009). "Environmental History," in Noel Castree, David Demeritt, Diana Liverman, and Bruce Rhoads, eds., *A Companion to Environmental Geography*. New York: Wiley-Blackwell, pp. 223-37.[SB]

Evans, Clint(2002). *The War on Weeds in the Prairie West: An Environmental History*. Calgary: University of Calgary Press.[4-15]

Evenden, Matthew(2004). *Fish versus Power: An Environmental History of the Fraser River*. Cambridge: Cambridge University Press.[4-16]

Fairhead, James, Melissa Leach, and Ian Scoones, eds.(2015). *Green Grabbing: A New Appropriation of Nature*. London: Routledge.[6-30]

Fay, Brian(2003). "Environmental History: Nature at Work," *History and Theory* 42, 1-4.[SB]

Febvre, Lucien(1925), *A Geographical Introduction to History*. New York: Alfred A. Knopf.(*La Terre et l'évolution humaine : introduction géographique à l'histoire*. Paris 1922); リュシアン・フェーヴル／飯塚浩二訳『大地と人類の進化──歴史への地理学的序論』(上)岩波文庫, 1941 年；同訳, 上巻, 岩波文庫, 1971 年, ／田辺裕訳, 下巻, 岩波文庫, 1972 年.[2-38, ,39, 40, 41, 42]

Fiege, Mark(2012). *The Republic of Nature: An Environmental History of the United States*. Seattle: University of Washington Press.[3-20]

Flader, Susan L.(1994). *Thinking Like a Mountain: Aldo Leopold and the Evolution of an Ecological Attitude toward Deer, Wolves, and Forests*. Madison: University of Wisconsin Press.[3-40]

Flanagan, Maureen A.(2000). "Environmental Justice in the City: A Theme for Urban Environmental History," *Environmental History* 5, no. 2: 159-64.[SB]

Flannery, Tim(1994). *The Future Eaters: An Ecological History of the Australasian Lands and People*. New York: George Braziller.[4-3, 168]

Flannery, Tim(2001). *The Eternal Frontier: An Ecological History of North America and Its Peoples*. New York: Atlantic Monthly Press.[4-4]

Flenley, John and Paul Bahn(2003). *The Enigmas of Easter Island: Island on the Edge*. Oxford: Oxford University Press.[4-203]

Forkey, Neil(2003). *Shaping the Upper Canadian Frontier: Environment, Society, and Culture in the Trent Valley*. Calgary: University of Calgary Press.[4-15]

Fox, Stephen R.(1981). *John Muir and His Legacy: The American Conservation Movement*. Boston: Little, Brown.[3-34]

Franghiadis, Alexis(2003), "Commons and Change: The Case of the Greek 'National Estates'(19th to Early 20th Centuries)," in Leos Jelecek, Pavel Chromy, Helena Janu, Josef Miskovsky, and Lenka Uhlirova, eds. *Dealing with Diversity, Abstract Book*. Prague: Charles University in Prague, Faculty of Science, pp. 55-6.[4-110]

French, Hilary(2000). *Vanishing Borders: Protecting the Planet in the Age of Global-*

ization. New York: W. W. Norton; ヒラリー・フレンチ／福岡克也監訳，環境文化創造研究所訳『地球環境ガバナンス――グローバル経済主義を超えて』(ワールドウォッチ 21 世紀環境シリーズ)家の光協会，2000 年.[5-67]

Gadgil, Madhav and M. D. Subash Chandran(1988). "On the History of Uttara Kannada Forests," in John Dargavel, Kay Dixon, and Noel Semple, eds. *Changing Tropical Forests*. Canberra: Centre for Resource and Environmental Studies, pp. 47–58.[4-122]

Gadgil, Madhav and Ramachandra Guha(1992a). "A Theory of Ecological History," Part One of *This Fissured Land: An Ecological History of India*. Berkeley and Los Angeles: University of California Press, pp. 9–68.[6-20]

Gadgil, Madhav and Ramachandra Guha(1992b). *This Fissured Land: An Ecological History of India*. Berkeley: University of California Press.[4-5, 120]

Gallant, Thomas W.(1991). *Risk and Survival in Ancient Greece: Reconstructing the Rural Domestic Economy*. Stanford, CA: Stanford University Press.[4-243]

Garden, Donald S.(2005). *Australia, New Zealand, and the Pacific: An Environmental History*. Santa Barbara: ABC-CLIO.[4-165]

Gibson, Clark C.(1995). "Killing Animals with Guns and Ballots: The Political Economy of Zambian Wildlife Policy," *Environmental History Review* 19, 49–75.[4-216]

Giles-Vernick, Tamara(2002). *Cutting the Vines of the Past: Environmental Histories of the Central African Rain Forest*. Richmond: University of Virginia Press.[4-222]

Glacken, Clarence J.(1967). *Traces on the Rhodian Shore: Nature and Culture in Western Thought from Ancient Times to the End of the Eighteenth Century*. Berkeley: University of California Press.[1-35][2-23, 24]

Glave, Dianne and Stoll, Mark, eds.(2006). *"To Love the Wind and the Rain": African Americans and Environmental History*. Pittsburgh: University of Pittsburgh Press.

Gligo, Nicolo and Jorge Morello(1980). "Notas sobre la historia ecológica de América Latina,"("Studies on History and Environment in America")in O. Sunkel y N. Gligo, eds., *Estilos de Desarrollo y Medio Ambiente en América Latina* (*Styles of Development and Environment in Latin America*). Fondo de Cultura Económica, El Trimestre Económico, no. 36, 2 vols, Mexico.[4-228]

Golley, Frank Benjamin(1996). *A History of the Ecosystem Concept in Ecology: More Than the Sum of the Parts*. New Haven: Yale University Press.[7-27]

Goudie, Andrew(1990). *The Human Impact on the Natural Environment*. Cambridge, MA: MIT Press.[5-11]

Goudie, Andrew(2013). *The Human Impact on the Natural Environment*. Hoboken, NJ: Wiley-Blackwell.[1-26]

Graham, Otis L. Jr.(1995). *A Limited Bounty: The United States Since World War II*. New York: McGraw-Hill.[6-28]

Graham, Otis L. Jr.(2000). "Again the Backward Region? Environmental History in and of the American South," *Southern Cultures* 6, no. 2: 50–72.[3-31]

Grant, Peter R.(1986). *Ecology and Evolution of Darwin's Finches*. Princeton, Princeton University Press.[6-45]

Grant, Peter R. and B. Rosemary Grant(2014). *40 Years of Evolution: Darwin's Finches on Daphne Major Island*. Princeton: Princeton University Press.[6–45]

Green, William A.(1993). "Environmental History," in *History, Historians, and the Dynamics of Change*. Westport, CT: Praeger, pp. 167–90.[SB][1–22]

Griffiths, Tom and Libby Robin, eds.(1997). *Ecology and Empire: Environmental History of Settler Societies*. Seattle: University of Washington Press.[5–58]

Griffith, Tom(2001). *Forests of Ash: An Environmental History*. Cambridge: Cambridge University Press.[4–176]

Grove, Alfred T. and Oliver Rackham(2001). *The Nature of Mediterranean Europe: An Ecological History*. New Haven: Yale University Press.[4–95]

Grove, Richard H.(1992). "Origins of Western Environmentalism," *Scientific American* 267, no. 1, 42–7.[2–28]

Grove, Richard H.(1995). *Green Imperialism: Colonial Expansion, Tropical Island Edens and the Origins of Environmentalism, 1600–1860*. Cambridge: Cambridge University Press.[2–27, 29, 30, 31][5–52]

Grove, Richard H.(2001). "Environmental History," in Peter Burke, ed., *New Perspectives in Historical Writing*. Cambridge, UK: Polity, pp. 261–82.[SB][3–70]

Grove, Richard H., Vinita Damodaran, and Satpal Sangwan, eds.(1998). *Nature and the Orient: The Environmental History of South and Southeast Asia*. Delhi: Oxford University Press.[4–125]

Grove, Richard H. and John Chappell, eds.(2000). *El Niño, History and Crisis: Studies from the Asia-Pacific Region*. Cambridge: White Horse Press.[1–43][5–50]

Guha, Ramachandra(1989). *The Unquiet Woods: Ecological Change and Peasant Resistance in the Himalaya*. Oxford: Oxford University Press.[4–119]

Guha, Ramachandra(2000). *Environmentalism: A Global History*. New York: Longman.[5–62]

Guorong, Gao, ed.(2013). *Historical Research*. Beijing: Social Sciences in China Press.[4–141]

Haila, Yrjö and Richard Levins(1992). *Humanity and Nature: Ecology, Science and Society*. London: LPC Group.[4–74]

Hall, Marcus(2005). *Earth Repair: A Transatlantic History of Environmental Restoration*. Charlottesville: University of Virginia Press.[3–71][6–41]

Hamilton, Sarah R(2012). "The Promise of Global Environmental History," *Entremons: UPF Journal of World History* 3: 1–12.

Hardesty, Donald L.(1980)"The Ecological Perspective in Anthropology," *American Behavioral Scientist* 24, no. 1: 107–24.[1–28]

Harris, Douglas(2001). *Fish, Law and Colonialism: The Legal Capture of Salmon in British Columbia*. Toronto: University of Toronto Press.[4–14]

Harris, William V.(2013). *The Ancient Mediterranean Environment between Science and History* (Columbia Studies in the Classical Tradition 39). Leiden: Brill.[4–244]

Hatvany, Matthew(2004). *Marshlands: Four Centuries of Environmental Changes on the Shores of the St. Lawrence*. Sainte-Foy: Les Presses de l'Université Laval.[4–15]

Hays, Samuel P.(1959). *Conservation and the Gospel of Efficiency*. Cambridge: Cambridge University Press.[3-4]

Hays, Samuel P.(1982). "From Conservation to Environment: Environmental Politics in the United States since World War II," *Environmental Review* 6, no. 2: 14-41.[3-7]

Hays, Samuel P.(1987). *Beauty, Health, and Permanence: Environmental Politics in the United States, 1955-1985* Cambridge: Cambridge University Press.[3-7]

Hays, Samuel P.(1998). *Explorations in Environmental History.* Pittsburgh, PA: University of Pittsburgh Press.[SB]

Hays, Samuel P.(2000). *A History of Environmental Politics since 1945.* Pittsburgh, PA: University of Pittsburgh Press.[1-31]

Hays, Samuel P.(2001). "Toward Integration in Environmental History," *Pacific Historical Review* 70, no. 1: 59-68.

Hays, Samuel P.(2009). *The American People and the National Forests: The First Century of the US Forest Service.* Pittsburgh: University of Pittsburgh Press.[3-42]

Hernan, Robert Emmet(2010). *This Borrowed Earth: Lessons from the Fifteen Worst Disasters Around the World.* New York: Palgrave Macmillan.[6-37]

Herodotus(1972). *The Histories,* trans. Aubrey de Sélincourt. Harmondsworth, UK: Penguin Books.[2-1, 2]

Hill, Christopher(2008). *South Asia: An Environmental History.* Santa Barbara: ABC-CLIO.[4-134]

Hippocrates(1923). *Airs, Waters, Places,* ed. and trans. W. H. S. Jones. Cambridge, MA: Harvard University Press.[1-7]

Hirt, Paul W.(1996). *A Conspiracy of Optimism: Management of the National Forests since World War II.* Lincoln: University of Nebraska Press.[3-42]

Hoag, Heather J.(2013). *Developing the Rivers of East and West Africa: An Environmental History.* London: Bloomsbury.[4-220]

Hoffmann, Richard C.(1989). *Land, Liberties and Lordship in a Late Medieval Countryside: Agrarian Structures and Change in the Duchy of Wroclaw.* Philadephia: University of Pennsylvania Press.[4-24, 239]

Hoffmann, Richard C.(1997). *Fishers' Craft and Lettered Art: Tracts on Fishing from the End of the Middle Ages.* Toronto: University of Toronto Press.[4-24, 239]

Hoffmann, Richard C.(2014). *An Environmental History of Medieval Europe.* Cambridge: Cambridge University Press.[4-240]

Hoffmann, Richard C., Langston, Nancy, McCann, James G., Perdue, Peter C., and Sedrez, Lise(2008). "AHR Conversation: Environmental Historians and Environmental Crisis," *American Historical Review* 113: 1431-65.[SB]

Holm, Poul, Tim Smith, and David Starkey, eds.(2001). *The Exploited Seas: New Directions for Marine Environmental History.* Liverpool: Liverpool University Press.[6-50]

Holmes, Steven J.(1999). *The Young John Muir: An Environmental Biography.* Madison: University of Wisconsin Press.[3-35]

Horden, Peregrine and Nicholas Purcell(2000). *The Corrupting Sea: A Study of Mediterranean History.* Oxford: Blackwell.[4-96]

Hornborg, A., McNeill, J. R., and Martinez-Alier, J., eds.(2007). *Rethinking Environ-*

mental History: World-System History and Global Environmental Change. Lanham, MD: AltaMira Press.[SB]

Hornborg, Alf Hornborg(2010). "Towards a Truly Global Environmental History: A Review Article," *Review: Journal of the Fernand Braudel Center* 33, no. 2: 295–323. [5–37]

Hoskins, W. G.(1955)/(repr. 1977). *The Making of the English Landscape*. London: Hodder and Stoughton; W. G. ホスキンズ／柴田忠作訳『景観の歴史学』東海大学出版会，2008 年 .[4–32]

Hou, Shen(2013). *The City Natural: Garden and Forest Magazine and the Rise of American Environmentalism*. Urban Environmental History Series. Pittsburgh: University of Pittsburgh Press.[4–155]

Houck, Oliver A.(2011). *Taking Back Eden: Eight Environmental Cases that Changed the World*. Washington, DC: Island Press.[1–32]

Hughes, J. Donald(1994). *Pan's Travail: Environmental Problems of the Ancient Greeks and Romans*. Baltimore, MD: Johns Hopkins University Press.[4–98, 241] [6–11]

Hughes, J. Donald.(1995). "Ecology and Development as Narrative Themes of World History," *Environmental History Review* 19, no. 1: 1–16.[SB]

Hughes, J. Donald(1996). *North American Indian Ecology*. El Paso: Texas Western Press.[1–16]

Hughes, J. Donald(1998). "Environmental History - World," in David R. Woolf, ed., *A Global Encyclopedia of Historical Writing*, 2 vols. New York, Garland Publishing, Vol. 1, pp. 288–91.[SB][4–1]

Hughes, J. Donald, ed.(2000). *The Face of the Earth: Environment and World History*. Armonk, NY: M. E. Sharpe.[5–30]

Hughes, J. Donald(2001a). "Global Dimensions of Environmental History,"(Forum on Environmental History, Retrospect and Prospect)*Pacific Historical Review* 70, no. 1: 91–101.[SB]

Hughes, J. Donald(2001b). *An Environmental History of the World: Humankind's Changing Role in the Community of Life*. London and New York: Routledge; ドナルド・ヒューズ／奥田暁子・あべのぞみ訳『世界の環境の歴史――生命共同体における人間の役割』(明石ライブラリー ; 62)明石書店，2004 年 .[5–22]

Hughes, J. Donald(2003). "The Nature of Environmental History," *Revista de Historia Actual (Contemporary History Review*, Spain)1, no. 1: 23–30.[SB]

Hughes, J. Donald(2005a). "The Greening of World History," in Marnie Hughes-Warrington, ed., *Palgrave Advances in World Histories*. New York: Palgrave Macmillan, pp. 238–55.[SB]

Hughes, J. Donald(2005b). *The Mediterranean: An Environmental History*. Santa Barbara, CA: ABC-CLIO.[4–94]

Hughes, J. Donald(2006). "Nature and Culture in the Pacific Islands," *Leidschrift: Historisch Tijdschrift* (University of Leiden, Netherlands)21, no. 1: 129–43.(Special issue, "Culture and Nature: History of the Human Environment").[SB][4–199]

Hughes, J. Donald(2008a). "Global Environmental History: The Long View," in Jan Oosthoek and Barry K. Gills, eds., *The Globalization of Environmental Crisis*. Lon-

don and New York: Routledge, pp. 11–26.[SB]
Hughes, J. Donald(2008b). "Three Dimensions of Environmental History," *Environment and History* 14: 1–12.[SB]
Hughes, J. Donald(2009). *An Environmental History of the World*. 2nd edn. London and New York: Routledge.[SB]
Hughes, J. Donald(2010). "How Natural is a Natural Disaster?," *Capitalism, Nature, Socialism* 23, no. 4: 69–78.[6–33]
Hughes, J. Donald(2011). *Sto je povijest okolisa*? trans. Damjan Lalovic. Zagreb: Disput. [4–87]
Hughes, J. Donald(2012). "What Does Environmental History Teach?" in Angela Mendonça, Ana Cunha, and Ranjan Chakrabarti, eds., *Natural Resources, Sustainability and Humanity: A Comprehensive View*. Dordrecht: Springer, pp. 1–15.[SB]
Hughes, J. Donald(2014). *Environmental Problems of the Greeks and Romans: Ecology in the Ancient Mediterranean*. Baltimore, MD: Johns Hopkins University Press.[4–99, 242]
Hutton, Drew and Libby Connors(1999). *A History of the Australian Environmental Movement*. Melbourne: Cambridge University Press.[4–182]
Ibn Khaldûn(1958). *The Muqaddimah: An Introduction to History*, trans. Franz Rosenthal. New York: Pantheon Books, Bollingen Series 43; イブン゠ハルドゥーン／森本公誠訳『歴史序説』岩波文庫, 全4冊, 2001年.[2–20, 21, 22]
Ibsen, Hilde(1997). *Menneskets fotavtrykk: En oekologisk verdenshistorie*. Oslo: Tano Aschehoug.[5–20]
Iliffe, John(2006). *The African AIDS Epidemic: A History*. Columbus: Ohio University Press.[1–10]
Isaacman, Allen F. and Barbara S. Isaacman(2013). *Dams, Displacement and the Delusion of Development: Cahora Bassa and Its Legacies in Mozambique, 1965–2007*. Columbus: Ohio University Press.[4–221]
Isenberg, Andrew(2001). *The Destruction of the Bison: An Environmental History, 1750–1920*. Cambridge: Cambridge University Press.[3–24]
Isenberg, Andrew C., ed.(2014). *The Oxford Handbook of Environmental History*. Oxford: Oxford University Press.[SB][6–1]
Ivanhoe, Philip J.(1998). "Early Confucianism and Environmental Ethics," in Mary Evelyn Tucker and John Berthrong, eds., *Confucianism and Ecology: The Interrelation of Heaven, Earth, and Humans*. Cambridge, MA, Harvard University Press, pp. 59–76.[2–9]
Jacobs, Wilbur R.(1970). "Frontiersmen, Fur Traders, and Other Varmints: An Ecological Appraisal of the Frontier in American History," *AHA Newsletter*. 5–11.[3–22]
Jacobs, Nancy J.(2003). *Environment, Power, and Injustice: A South African History*. Cambridge: Cambridge University Press.[4–212]
Jacobs, Nancy J.(2014). *African History through Sources: Volume 1, Colonial Contexts and Everyday Experiences, c.1850 1946*. Cambridge: Cambridge University Press.[4–208]
Jacoby, Karl(1997). "Class and Environmental History: Lessons from the War in the Adirondacks," *Environmental History* 2, no. 3: 324–42.[SB]

Jamieson, Duncan R.(1994). "American Environmental History," *CHOICE* 32, no. 1: 49–60.[SB]

Jamison, Andrew, Ron Eyerman, and Jacqueline Cramer(1990). *The Making of the New Environmental Consciousness: A Comparative Study of the Environmental Movements in Sweden, Denmark and the Netherlands*. Edinburgh: Edinburgh University Press.[4–71]

Jelecek, Leos, Pavel Chromy, Helena Janu, Josef Miskovsky, and Lenka Uhlirova, eds.(2003). *Dealing with Diversity: 2nd International Conference of the European Society for Environmental History Prague 2003*, 2 vols.(*Proceedings* and *Abstract Book*). Prague: Charles University in Prague, Faculty of Science.[4–28, 82]

Jordan, William R. and George M. Lubick(2011). *Making Nature Whole: A History of Ecological Restoration*. Washington DC: Island Press.[6–41]

Jørgensen, Dolly, Finn Arne Jørgensen, and Sara B. Pritchard, eds.(2013). *New Natures: Joining Environmental History with Science and Technology Studies*. Pittsburgh: University of Pittsburgh Press.[3–63]

Josephson, Paul, Nicolai Dronin, Ruben Mnatsakanian, Aleh Cherp, Dmitry Efremenko, and Vladislav Larin(2013). *An Environmental History of Russia*. Cambridge: Cambridge University Press.[4–92]

Judd, Richard W.(2014). *Second Nature: An Environmental History of New England*. Amherst, MA: University of Massachusetts Press.[3–28]

Kelm, Mary-Ellen(1999). "British Columbia's First Nations and the Influenza Pandemic of 1918-1919," *BC Studies* 122(1999): 23–48.[4–14]

Kelm, Mary-Ellen(2008). *Home is the Hunter: The James Bay Cree and Their Land*. Seattle: Uni- versity of Washington Press.

Kelman, Ari(2003). *A River and Its City: The Nature of Landscape in New Orleans*. Berkeley: University of California Press.[7–16]

Khan, Farieda(1997). "Soil Wars: The Role of the African Soil Conservation Association in South Africa, 1953-1959," *Environmental History* 2, no. 4: 439–59.[4–219]

Kheraj, See Sean(2014). "Scholarship and Environmentalism: The Influence of Environmental Advocacy on Canadian Environmental History" *Acadiensis* 43, no. 1: 195–206.[3–10]

Killingsworth, M. Jimmie and Jacqueline S. Palmer(1992)*Ecospeak: Rhetoric and Environmental Politics in America*. Carbondale: Southern Illinois University Press.[5–66]

King, Michael(2003). *The Penguin History of New Zealand*. Auckland: Penguin Books.[4–187]

Kingle, Matthew(2009). *Emerald City: An Environmental History of Seattle*. New Haven, CT: Yale University Press.[3–51]

Kirch, Patrick V.(1997). "The Environmental History of Oceanic Islands," in Patrick V. Kirch and Terry L. Hunt, eds., *Historical Ecology in the Pacific Islands*. New Haven, CT: Yale University Press, pp. 1–21.[4–197]

Kirch, Patrick V. and Terry L. Hunt, eds.(1997). *Historical Ecology in the Pacific Islands*. New Haven, CT: Yale University Press.[4–197]

Kiss, Andrea(2013). "A Brief Overview on the Roots and Current Status of Environ-

mental History in Hungary," *Environment and History* 19, no. 3: 391-4.[4-85]
Kjekshus, Helge(1977). *Ecology Control and Economic Development in East African History*. Berkeley: University of California Press.[4-211]
Kjærgaard, Thorkild(1994). *The Danish Revolution, 1500-1800: An Ecohistorical Interpretation*, trans. David Hohnen. Cambridge: Cambridge University Press.[4-81]
Klein, Markus and Jürgen W. Falter(2003). *Der lange Weg der Grünen (The Long Path of the Greens)*. Munich: C. H. Beck.[4-63]
Knight, Catherine(2014). *Ravaged Beauty: An Environmental History of Manawatu*. Auckland: Dunmore.[4-190]
Krech, Shepard(2000). *The Ecological Indian: Myth and History*. New York: W. W. Norton.[1-16]
Krech, Shepard, III, McNeill, J. R., and Merchant, Carolyn, eds.(2004). *Encyclopedia of World Environmental History*. 3 vols. New York and London: Routledge.[SB][4-93]
Krech, Shepard, III, J. R. McNeill, and Carolyn Merchant, eds.(2004). "Mediterranean Sea," in Shepard Krech III, J. R. McNeill, and Carolyn Merchant, eds., *Encyclopedia of World Environmental History*, 3 vols., 2004. New York: Routledge, vol. 2, pp. 826-8.[4-93]
Kreike, Emmanuel(2010). *Deforestation and Reforestation in Namibia: The Global Consequences of Local Contradictions*. Princeton: Markus Wiener.[6-42]
Kumar, Deepak(1995). *Science and the Raj, 1857-1905*. Delhi: Oxford University Press.[5-56]
Laakkonen, Simo(2001). *Vesiensuojelun synty: Helsingin ja sen merialueen ympäristöuhistoriaa 1878-1928 (The Origins of Water Protection in Helsinki, 1878-1928)*. Helsinki: Gaudeamus(with English summary).[4-76]
Laakkonen, Simo and S. Thelin, eds.(2010)"Beauty on the Water? Two Turning Points in Stockholm's Water-Protection Policy," in Simo Laakkonen and S. Thelin, eds. (2010)*Living Cities: An Anthology in Urban Environmental History*. Stockholm: Swedish Research Council Formas, pp. 306-31.[4-76]
Laakkonen, Simo(2007). "Cold War and the Environment: The Role of Finland in International Environmental Politics in the Baltic Sea Region," *Ambio* 36, nos. 2-3: 229-36.[4-76]
Laakkonen, Simo(2013). "War and Natural Resources in History: Introduction," *Global Environment* 10: 8-15.[4-76]
LaFreniere, Gilbert(2007). *The Decline of Nature: Environmental History and the Western Worldview*. Bethesda, MD: Academica Press.[1-38]
Lamb, H. H.(1995). *Climate, History and the Modern World*. London: Routledge.[1-40]
Laszlovszky, Jószef and Peter Szabó, eds.(2003). *People and Nature in Historical Perspective*. Budapest: CEU Press.[4-84]
Latorre, Juan García, Andrés Sánchez Picón, and Jesús García Latorre(2001). "The Man-Made Desert: Effects of Economic and Demographic Growth on the Ecosystems of Arid Southeastern Spain," *Environmental History* 6, no. 1 : 75-94.[4-101]
Lau, D. C.(1970). *Mencius*. London; Penguin Books.
Lazarus, Richard J.(2004). *The Making of Environmental Law*. Chicago: University of

Chicago Press.[3-45]

Le Roy Ladurie, Emmanuel(1971). *Times of Feast, Times of Famine: A History of Climate since the Year 1000*. 1967. Garden City, NY: Doubleday.[1-39][2-48]

Leach, Melissa, and Cathy Green,(1997). "Gender and Environmental History: From Representation of Women and Nature to Gender Analysis of Ecology and Politics," *Environment and History* 3, no. 3: 343-70.[SB]

Leach, Helen M.(1984). *1,000 Years of Gardening in New Zealand*. Wellington: AH and AW Reed.[4-188]

Lear, Linda(1997). *Rachel Carson: Witness for Nature*. New York: Henry Holt; リンダ・リア／上遠恵子訳『レイチェル――レイチェル・カーソン『沈黙の春』の生涯』東京書籍, 2002 年.[3-41]

Leibhardt, Barbara(1988). "Interpretation and Causal Analysis: Theories in Environmental History," *Environmental Review* 12, no. 1: 23-36.[SB]

Leopold, Aldo(1935). "Wilderness"(undated fragment), Leopold Papers 10-6, 16. Quoted in Curt Meine, *Aldo Leopold: His Life and Work*. Madison: University of Wisconsin Press, 1988, pp. 359-60.[1-50]

Lewis, Chris H.(1993). "Telling Stories About the Future: Environmental History and Apocalyptic Science," *Environmental History Review* 17, no. 3: 43-60.[SB][6-18]

Leynaud, Emile(1985). *L'Etat et la Nature: L'exemple des parcs nationaux français*. Florac: Parc National des Cevennes.[4-50]

Linnér, Björn-Ola(2004). *The Return of Malthus: Environmentalism and Post-War Population-Resource Crises*. Stroud, UK: White Horse Press.[6-27]

Loo, Tina(2001a). "Making a Modern Wilderness: Wildlife Management in Canada, 1900-1950," *Canadian Historical Review* 82: 91-121.[4-17]

Loo, Tina(2001b). "Of Moose and Men: Hunting for Masculinities in the Far West," *Western Historical Quarterly* 32: 296-319.[4-23]

Lowenthal, David(2001). "Environmental History: From Genesis to Apocalypse," *History Today* 51, no. 4: 36-44.[SB]

Lowenthal, David(2000). *George Perkins Marsh, Prophet of Conservation*. Seattle: University of Washington Press, rev. edn. of Lowenthal's *George Perkins Marsh: Versatile Vermonter*. New York: Columbia University Press.1958.[3-33]

Ludlow, Francis, Juliana Adelman, and Poul Holm(2013). "Environmental History in Ireland," *Environment and History* 19, no. 2: 247-52.[4-45]

MacDowell, Laura Sefton(2012). *An Environmental History of Canada*. Seattle: University of Washington Press.[4-13]

MacEachern, Alan and William J. Turkel, eds.(2009). *Method and Meaning in Canadian Environmental History*. Toronto: Nelson.[4-12]

MacKenzie, John M.(1997). *Empires of Nature and the Nature of Empires. Imperialism, Scotland and the Environment*. East Linton, Scotland: Tuckwell Press.[5-57]

MacLennan, Carol A.(2014). *Sovereign Sugar: Industry and Environment in Hawaii*. Honolulu: University of Hawaii Press.[4-201]

Maddox, Gregory H.(2006). *Sub-Saharan Africa: An Environmental History*. Santa Barbara: ABC-CLIO.[4-207]

Maddox, Gregory, Isaria N. Kimambo, and James L. Giblin, eds.(1996). *Custodians of the Land: Ecology and Culture in the History of Tanzania.* Columbus: Ohio University Press.[4-213]

Malin, James C.(1967)/(orig. edn. 1947). *The Grassland of North America: Prolegomena to Its History.* Gloucester, MA: Peter Smith.[2-51][3-21]

Manion, Annette(1991). *Global Environmental Change: A Natural and Cultural History.* Harlow: Longman.[5-12]

Manore, Jean(1999). *Cross-Currents: Hydroelectricity and the Engineering of Northern Ontario.* Waterloo: Wilfred Laurier Press.[4-16]

Marks, Robert B.(1998). *Tigers, Rice, Silk and Silt: Environment and Economy in Late Imperial South China.* Cambridge: Cambridge University Press.[1-11][4-145]

Marks, Robert B.(2010). "World Environmental History: Nature, Modernity and Power," *Radical History Review* 107: 209-24.[4-149][5-26]

Marks, Robert B.(2011). *China: Its Environment and History.* Lanham, MD: Rowman & Littlefield.[4-149]

Marks, Robert B.(2015). *The Origins of the Modern World: A Global and Ecological Narrative from the Fifteenth to the Twenty-First Century.* Lanham, MD: Rowman & Littlefield. 3rd edn.[5-41,42]

Marsh, George Perkins(1864). *Man and Nature,* ed. David Lowenthal.(1965). Cambridge, MA: The Belknap Press of Harvard University Press.[2-32, 33, 34, 35]

Martin, Calvin Luther(1978). *Keepers of the Game: Indian-Animal Relationships and the Fur Trade.* Berkeley: University of California Press.[3-15]

Martínez, Bernardo García and Alba González Jácome, eds.(1999). *Estudios sobre Historia y Ambiente en América, I: Argentina, Bolivia, México, Paraguay* (Studies on History and Environment in America: Argentina, Bolivia, Mexico, Paraguay). Mexico, DF: Instituto Panamericano de Geografía e Historia/ El Colegio de México. [4-230]

Mauch Christof and Libby Robin, eds.(2014). *The Edges of Environmental History: Honouring Jane Carruthers.* München: Rachel Carson Centre Perspectives.[7-28]

McAnany, Patricia A. and Norman Yoffee, eds.(2009). *Questioning Collapse: Human Resilience, Ecological Vulnerability, and the Aftermath of Empire.* Cambridge: Cambridge University Press.[5-16]

McCann, James C.(1999). *Green Land, Brown Land, Black Land: An Environmental History of Africa, 1800-1990.* Portsmouth, NH: Heinemann.[4-210]

McCann, James C.(2007). *Maize and Grace: Africa's Encounter with a New World Crop.* Cambridge MA: Harvard University Press.[4-214]

McCormick, John(1989). *Reclaiming Paradise: The Global Environmental Movement.* Bloomington: Indiana University Press; ジョン・マコーミック／石弘之・山口裕司訳『地球環境運動全史』岩波書店, 1998年.[5-63]

McDaniel, Carl N. and John M. Gowdy(2000). *Paradise for Sale: A Parable of Nature.* Berkeley: University of California Press.[4-204][6-29]

McEvoy, Arthur F.(1986). *The Fisherman's Problem: Ecology and Law in the California Fisheries, 1850-1980.* Cambridge: Cambridge University Press.[6-49]

McIntosh, Robert P.(1985). *The Background of Ecology: Concept and Theory.* Cam-

bridge: Cambridge University Press; ロバート・P. マッキントッシュ／大串隆之他訳『生態学——概念と理論の歴史』思索社, 1989 年.[1-46]
McNeill, John R.(1992). *The Mountains of the Mediterranean World: An Environmental History.* Cambridge: Cambridge University Press.[4-93]
McNeill, John R.(1994). "Of Rats and Men: A Synoptic Environmental History of the Island Pacific," *Journal of World History* 5: 299-349, repr. in McNeill ed., Environmental History in the Pacific World, Routledge, 2001, pp. 69-120.[4-195]
McNeill, John R.(2000). *Something New Under the Sun: An Environmental History of the Twentieth-Century World.* New York: W. W. Norton; J. R. マクニール／海津正倫・溝口常俊監訳『20 世紀環境史』名古屋大学出版会, 2011 年.[1-13][5-38, 39, 65]
McNeill, John R.(2003). "Observations on the Nature and Culture of Environmental History," *History and Theory* 42: 5-43.[SB][1-19][3-1, 2][6-5, 26][7-22]
McNeill, John R.(2004). "Mediterranean Sea," in Shepard Krech III, J. R. McNeill, and Carolyn Merchant, eds., Encyclopedia of World Environmental History , 3 vols. New York: Routledge, 2004, vol. 2, pp. 826-8.[4-93]
McNeill, John R.(2010a). "The State of the Field of Environmental History," *Annual Review of Environment and Resources* 35: 345-74.[SB]
McNeill, John R.(2010b). *Mosquito Empires: Ecology and War in the Greater Caribbean*, 1620-1914. New York: Cambridge University Press.[1-10]
McNeill, John R. ed.(2001). *Environmental History in the Pacific World.* Aldershot: Ashgate.[4-193, 195]
McNeill, John R., José Augusto Pádua, and Mahesh Rangarajan, eds.(2010c). *Environmental History as if Nature Existed: Ecological Economics and Human Well-Being.* New Delhi: Oxford University Press.[SB][5-68]
McNeill, John R. and Erin Stewart Mauldin, eds.(2012). *A Companion to Global Environmental History.* Hoboken, NJ: Wiley-Blackwell.[SB][5-36]
McNeill, John R. and Alan Roe(2013). *Global Environmental History: An Introductory Reader.* New York: Routledge.[5-34]
McNeill, William H.(1976/1998). *Plagues and Peoples.* Garden City, NY, Anchor Press/ Online version, New York: Anchor Books/Doubleday; ウィリアム・H. マクニール／佐々木昭夫訳『疫病と世界史』(上下)中公文庫, 2007 年.[1-8, 29]
Meiggs, Russell(1982). *Trees and Timber in the Ancient Mediterranean World.* Oxford: Clarendon Press.[4-243]
Melosi, Martin V.(1985). *Coping with Abundance: Energy and Environment in Industrial America.* Philadelphia: Temple University Press.[3-61]
Melosi, Martin V.(1995). "Equity, Eco-Racism and Environmental History." *Environmental History Review* 19, no. 3: 1-16.[SB]
Melosi, Martin V.(2000). "Equity, Eco-Racism, and the Environmental Justice Movement," in J. Donald Hughes, ed., *The Face of the Earth.* Armonk, NY: M. E. Sharpe, pp. 47-75.[3-52]
Melosi, Martin V.(2001). *Effluent America: Cities, Industry, Energy, and the Environment.* Pittsburgh, PA: University of Pitts- burgh Press.[3-48]
Melosi, Martin V.(2005. repr. of 1981 edition). *Garbage in the Cities: Refuse, Reform,*

and the Environment, 1880-1980. Pittsburgh, PA: University of Pittsburgh Press. [3-48, 61]

Melosi, Martin V.(2008). *The Sanitary City: Environmental Services in Urban America from Colonial Times to the Present*. Pittsburgh, PA: University of Pittsburgh Press.[3-48]

Melosi, Martin V.(2010). "Humans, Cities, and Nature: How Do Cities Fit in the Material World?". *Journal of Urban History* 36, no. 1: 3-21.[SB]

Melville, Elinor G. K.(1994/1997/1999). *A Plague of Sheep: Environmental Consequences of the Conquest of Mexico*. Cambridge: Cambridge University Press, 1994(Paperback, 1997); *Plaga de Ovejas: Consecuencias ambientales de la conquista de México*. Mexico: Fondo de Cultura Económica, 1999.[4-235][6-15]

Mencius, trans. by D. C. Lau, *Mencius*(1970). London, Penguin Books.[2-8, 10, 11, 12, 15, 16, 17, 18]

Merchant, Carolyn(1980). *The Death of Nature: Women, Ecology, and the Scientific Revolution*. New York: Harper and Row; キャロリン・マーチャント／団まりな他訳『自然の死——科学革命と女・エコロジー』工作舎, 1985年.[3-54]

Merchant, Carolyn(1987). "The Theoretical Structure of Ecological Revolutions," *Environmental Review* 11, no. 4: 265-74.[SB][1-3][6-19]

Merchant, Carolyn(1989). *Ecological Revolutions: Nature, Gender, and Science in New England*. Chapel Hill: University of North Carolina Press.[3-27][6-19]

Merchant, Carolyn(1992). *Radical Ecology: The Search for a Livable World*. New York: Routledge; キャロリン・マーチャント／川本隆史他訳『ラディカルエコロジー——住みよい世界を求めて』産業図書, 1994年.[5-64]

Merchant, Carolyn(1995). *Earthcare: Women and the Environment*. New York: Routledge.[SB][3-54]

Merchant, Carolyn, ed.(1998). *Green versus Gold: Sources in California's Environmental History*. Washington, DC: Island Press.[3-25]

Merchant, Carolyn(2002). *The Columbia Guide to American Environmental History*. New York: Columbia University Press.[3-13][7-2, 10]

Merchant, Carolyn(2003). "Shades of Darkness: Race and Environ- mental History," *Environmental History* 8, no. 3: 380-94.[SB]

Merchant, Carolyn(2007). *American Environmental History: An Introduction*. New York: Columbia University Press.[SB][3-19]

Merchant, Carolyn, ed.(1993). *Major Problems in American Environmental History: Documents and Essays*. Lexington, MA: D. C. Heath, reprinted edn. Independence, KY: Cengage-Brain, 2012.[3-65]

Merricks, Linda(1996). "Environmental history," *Rural History* 7: 97-106.[SB]

Mikhail, Alan(2011). *Nature and Empire in Ottoman Egypt: An Environmental History*. New York: Cambridge University Press.[4-116]

Mikhail, Alan, ed.(2013). *Water on Sand: Environmental Histories of the Middle East and North Africa*. New York: Oxford University Press.[SB][4-113]

Miller, Char(2001) *Gifford Pinchot and the Making of Modern Environmentalism*. Washington, D.C.: Island Press.[3-37]

Miller, Ian Jared, Julia A. Thomas, and Brett Walker, eds.(2013). *Japan at Nature's

Edge: The Environmental Context of a Global Power. Honolulu: University of Hawaii Press.[4-162]
Miller, Shawn William(2007). An Environmental History of Latin America. Cambridge: Cambridge University Press.[4-227]
Monasterio, Fernando Ortiz, Isabel Fernández, Alicia Castillo, José Ortiz Monasterio, and Alfonso Bulle Goyri(1987). *Tierra Profanada: Historia Ambiental de México (A Profaned Land: An Environmental History of Mexico)*. Mexico City: Instituto Nacional de Antropología e Historia, Secretaría de Desarrollo Urbano y Ecología. [4-231]
Monzote, Reinaldo Funes(2008). *From Rainforest to Cane Field in Cuba*. Chapel Hill: University of North Carolina Press.[4-233]
Mortimer-Sandilands, Catriona(2004). "Where the Mountain Men Meet the Lesbian Rangers: Gender, Nation, and Nature in the Rocky Mountain National Parks," in Melody Hessing, Rebecca Ragion, and Catriona Sandilands, eds., *This Elusive Country: Women and the Canadian Environment*. Vancouver: UBC Press, pp. 142-162.[4-23]
Mosley, Stephen(2006). "Common Ground: Integrating Social and Environmental History," *Journal of Social History*, 39, no. 3: 915-933.[SB]
Mosley, Stephen(2010). *The Environment in World History*. Abingdon, Oxon.: Routledge.[SB][5-25]
Mulvihill, Peter R., Baker, Douglas C., and Morrison, William R.(2001). "A Conceptual Framework for Environmental History in Canada's North," *Environmental History* 6, no. 4: 611-26.[SB]
Muscolino, Micah(2015). *The Ecology of War in China: Henan Province, the Yellow River, and Beyond, 1938-1950*. Cambridge: Cambridge University Press.[4-150]
Myllyntaus, Timo(2003). "Writing about the Past with Green Ink: The Emergence of Finnish Environmental History": http://www.h-net.organ:zation/~environ/histo riography/finland.htm; in Erland Marald and Christer Nordlund, ed., *Skrifter fran forskningsprogrammet Landskapet som arena nr X*. Umea: Umea University.[SB] [4-73]
Myllyntaus, Timo and Mikko Saikku, eds.(2001). *Encountering the Past in Nature*. Athens: Ohio University Press.[4-30]
Myllyntaus, Timo, ed.(2011). *Thinking through the Environment: Green Approaches to Global History*. Cambridge: White Horse Press.[SB][5-33]
Nash, Roderick F.(1967). *Wilderness and the American Mind*. New Haven: Yale University Press; R. F. ナッシュ／松野弘監訳『原生自然とアメリカ人の精神』ミネルヴァ書房, 2015年.[1-15][3-6]
Nash, Roderick(1970). "Environmental History," in Herbert J. Bass, ed., *The State of American History*. Chicago: Quadrangle Press, pp. 249-60.
Nash, Roderick(1972). "American Environmental History: A New Teaching Frontier," *Pacific Historical Review* 41, no. 3: 362-72.
Nash, Roderick(1985). "Rounding Out the American Revolution: Ethical Extension and The New Environmentalism," in Michael Tobias, ed., *Deep Ecology*. San Diego, CA: Avant Books.[1-51]

Nash, Roderick F. and Char Miller(2014). *Wilderness and the American Mind*. 5th edn. New Haven: Yale University Press.[1–15]
Neboit-Guilhot, R. and L. Davy(1996). *Les Français dans leur environnement*. Paris: Nathan.[4–52]
Nienhuis, Piet H.(2008). *Environmental History of the Rhine-Meuse Delta: An Ecological Story on Evolving Human-Environmental Relations Coping with Climate Change and Sea-Level Rise*. New York: Springer.[4–69]
Nixon, Rob(2011). *Slow Violence and the Environmentalism of the Poor*. Cambridge, MA: Harvard University Press.[6–35]
Norwood, Vera(2001). "Disturbed Landscape/Disturbing Process: Environmental History for the Twenty-First Century," *Pacific Historical Review* 70, no. 1: 77–90.
O'Connor, James(1994). "Is Sustainable Capitalism Possible?" in Martin O'Connor, ed., *Is Capitalism Sustainable? Political Economy and the Politics of Ecology*. New York: Guilford Press, pp. 15–75.[5–67]
O'Connor, James(1998a). "Culture, Nature, and the Materialist Conception of History," in O'Connor, ed., *Natural Causes: Essays in Ecological Marxism*. New York and London: Guilford Press, pp. 29–47.[6–23]
O'Connor, James(1998b). "What is Environmental History? Why Environmental History?" in O'Connor, ed., *Natural Causes: Essays in Ecological Marxism*. New York and London: Guilford Press, pp. 48–70.[SB][6–21, 24]
O'Connor, James(1998c). "The Second Contradiction of Capitalism," in O'Connor, ed., *Natural Causes: Essays in Ecological Marxism*. London: Guilford Press, pp. 158–77.[5–67][6–22]
O'Gorman, Emily(2012). *Flood Country: An Environmental History of the Murray-Darling Basin*. Clayton, Victoria: CSIRO Publishing.[4–178]
Oosthoek, Jan and Barry K. Gills(2008). *The Globalization of Environmental Crisis*. London: Routledge.[5–31]
Opie, John(1983). "Environmental History: Pitfalls and Opportunities." *Environmental Review* 7, no. 1, 8–16.[SB][3–9][6–4]
Opie, John(1993). *Ogallala: Water for a Dry Land*. Lincoln: University of Nebraska Press.[1–12]
Opie, John(1998). *Nature's Nation: An Environmental History of the United States*. Fort Worth, TX: Harcourt Brace.[3–17]
Orenstein, Daniel, Alon Tal, and Char Miller, eds.(2013). *Between Ruin and Restoration: An Environmental History of Israel*. Pittsburgh: Pittsburgh University Press.[4–118]
Osborn, Matt(2001). "Sowing the Field of British Environmental History": http://www.h-net.org/~environ/historiography/british.htm.[4–31]
Pádua, José Augusto(2010). "The Theoretical Foundations of Environmental History," *Estudos Avançados* 24, no. 68: 81–101.[SB][1–4]
Palumbi, Stephen R.(2001). *The Evolution Explosion: How Humans Cause Rapid Evolutionary Change*. New York: W. W. Norton.[6–46]
Park, Geoff(1995). *Nga Uruora/the Groves of Life: Ecology and History in a New Zealand Landscape*. Melbourne: Victoria University Press.[4–189]

Pawson, Eric, and Dovers, Stephen(2003). "Environmental History and the Challenges of Interdisciplinarity: An Antipodean Perspective," *Environment and History* 9, no. 1: 53–75.[SB][4-166]

Pawson, Eric and Tom Brooking, eds.(2002). *Environmental Histories of New Zealand*. Melbourne: Oxford University Press.[4-185]

Pearson, Byron E.(2002). *Still the Wild River Runs: Congress, the Sierra Club, and the Fight to Save the Grand Canyon*. Tucson: University of Arizona Press.[3-47]

Peluso, Nancy Lee, and Michael Watts, eds.(2001). *Violent Environments*. Ithaca, NY: Cornell University Press.[6-36]

Petric, Hrvoje(2012). "Environmental History in Croatian Historiography," *Environment and History* 18, no. 4: 623–7.[4-88]

Petulla, Joseph M.(1988)/(1st edn. Boyd & Fraser, 1977). *American Environmental History*. Columbus, OH: Merrill Publishing.[3-16]

Pfister, Christian(1999). *Wetternachhersage: 500 Jahre Klimavariationen und Naturkatastrophen, 1496–1995 (Evidence of Past Weather: 500 Years of Climatic Variations and Natural Catastrophes, 1496–1995)*. Bern: P. Haupt.[1-41][4-56]

Pfeifer, Katrin and Niki Pfeifer, eds.(2013). *Forces of Nature and Cultural Responses*. Dordrecht: Springer.[6-38]

Pinkett, Harold T.(1970). *Gifford Pinchot: Private and Public Forester*. Chicago: University of Illinois Press.[3-37]

Plack, Noelle(2009). *Common Land, Wine, and the French Revolution: Rural Society and Economy in Southern France*. Farnham: Ashgate.[4-48]

Plath, Ulrike(2012). "Environmental History in Estonia," *Environment and History* 18, no. 2: 305–8.[4-78]

Plato(1977). *Critias*, trans. Desmond Lee. Harmondsworth, UK: Penguin Books.[2-6]

Ponting, Clive(1991). *A Green History of the World: The Environment and the Collapse of Great Civilizations*. New York: St. Martin's Press;クライブ・ポンティング／石弘之，京都大学環境史研究会訳『緑の世界史』(上下)(朝日選書；503, 504) 朝日新聞社，1994 年.[5-17]

Porter, Dale H.(1998). *The Thames Embankment: Environment, Technology, and Society in Victorian London*. Akron, OH: The University of Akron Press.[4-40]

Powell, Joseph M.(1988). *A Historical Geography of Modern Australia: The Restive Fringe*. Cambridge: Cambridge University Press.[4-173]

Powell, Joseph M.(1995). *Historical Geography and Environmental History: An Australian Interface*, Clayton: Monash University Department of Geography and Environmental Science, Working Paper no. 40.[1-21]

Powell, Joseph M.(1996). "Historical Geography and Environmental History: An Australian Interface," *Journal of Historical Geography* 22: 253–73.[SB]

Price, Jennifer(2000). *Flight Maps: Adventures with Nature in Modern America*. Cambridge, MA: Basic Books.[3-55]

Prugh, Thomas, Robert Costanza, John H. Cumberland, Herman E. Daly, Robert Goodland, and Richard B. Norgaard(1999). *Natural Capital and Human Economic Survival*. Boca Raton, FL: Lewis Publishers.[5-67]

Pursell, Carroll(1995). *The Machine in America: A Social History of Technology*. Balti-

more, MD: Johns Hopkins University Press.[3-60]
Pyne, Stephen J.(1991). *Burning Bush: A Fire History of Australia*. New York: Henry Holt.[4-179]
Pyne, Stephen J.(2001). *Fire: A Brief History*. Seattle: University of Washington Press; スティーヴン・J.パイン／寺嶋英志訳『ファイア　火の自然誌』青土社，2003年．[5-47]
Pyne, Stephen J.(2005). "Environmental History without Historians," *Environmental History* 10, no. 1: 72-4[SB][6-3]
Pyne, Stephen J.(2010). *World Fire: The Culture of Fire on Earth*. Seattle: University of Washington Press; スティーヴン・J.パイン／大平章訳『火——その創造性と破壊性』(りぶらりあ選書)法政大学出版局，2003年．[5-47]
Rackham, Oliver(1993). *The History of the Countryside*. London: J. M. Dent and Sons; オリバー・ラッカム／奥敬一・伊東宏樹・佐久間大輔・篠沢健太・深町加津枝監訳『イギリスのカントリーサイド——人と自然の景観形成史』昭和堂，2012年.[4-37]
Rackham, Oliver(2001). *Trees and Woodland in the British Landscape: A Complete History of Britain's Trees, Woods and Hedgerows*. London: Phoenix Press.[4-37]
Rackham, Oliver(2003). *An Illustrated History of the Countryside*. London: Weidenfeld and Nicolson.[4-37]
Rácz, Lajos(1999). *Climate History of Hungary Since the 16th Century: Past, Present and Future*. Pécs: MTA RKK.[4-83]
Rácz, Lajos(2013). *The Steppe to Europe: An Environmental History of Hungary in the Traditional Age*. Cambridge: White Horse Press.[4-83]
Radkau, Joachim(2000/2008). *Nature and Power: A Global History of the Environment*. Cambridge, New York et al.: Cambridge University Press; *Natur und Macht. Eine Weltgeschichte der Umwelt*. München: Beck, 2000; ヨアヒム・ラートカウ／海老根剛・森田直子訳『自然と権力——環境の世界史』みすず書房，2012年.[SB][1-53][4-57][5-21]
Radkau, Joachim(2011). *Wood: A History*. Cambridge: Polity; *Holz. Wie ein Naturstoff Geschichte schreibt*. München: Oekom-Verlag, 2007; ヨアヒム・ラートカウ／山縣光晶訳『木材と文明——ヨーロッパは木材の文明だった．』築地書館，2013年.[6-31]
Radkau, Joachim(2014). *The Age of Ecology*. Cambridge: Polity.[SB][4-57]
Radkau, Joachim and Frank Uekötter(2003). *Naturschutz und Nationalsolialismus (Nature Protection and National Socialism)*. Berlin: Campus Fachbuch.[4-58]
Rajala, Richard(1998). *Clearcutting the Pacific Rain Forest*. Vancouver: University of British Columbia Press.[4-16]
Rajan, S. Ravi(1997). "The Ends of Environmental History: Some Questions," *Environment and History* 3, no. 2: 245-52.[SB]
Rajan, Ravi(2006). *Modernizing Nature: Forestry and Imperial Eco-Development, 1800-1950*. Oxford: Oxford University Press.[4-127]
Rakestraw, Lawrence(1972). "Conservation Historiography: An Assessment," *Pacific Historical Review* 41, no. 3: 271-88.[SB]
Rangarajan, Mahesh(1996). "Environmental Histories of South Asia: A Review Essay,"

Environment and History 2, no. 2: 129–43.[SB]
Rangarajan, Mahesh, J. R. McNeill, and Jose Augusto Padua, eds.(2010). *Environmental History: As if Nature Existed*. New York: Oxford University Press.[4–129]
Rangarajan, Mahesh and K. Sivaramakrishnan, eds.(2012). *India's Environmental History*. Vol. 1: *From Ancient Times to the Colonial Period*; Vol. 2: *Colonialism, Modernity and the Nation*. Ranikhet: Permanent Black.[4–130]
Rapaport, Moshe, ed.(2013). *The Pacific Islands: Environment and Society*. Honolulu: University of Hawaii Press.[4–196]
Raumolin, Jussi(1990). *The Problem of Forest-based Development as Illustrated by the Development Discussion, 1850–1918*. Helsinki: University of Helsinki, Dept of Social Policy.[4–75]
Rawat, Ajay S., ed.(1991). *History of Forestry in India*. New Delhi: Indus Publishing.[4–126]
Rawat, Ajay S., ed.(1993). *Indian Forestry: A Perspective*. New Delhi: Indus Publishing. [4–126]
Ray, Arthur J.(1976)"Diffusion of Diseases in the Western Interior of Canada, 1830–1850," *Geographical Review* 66: 156–81.[4–14]
Reisch-Owen, A. L.(1983). *Conservation under FDR*. New York: Prager.[3–38]
Richards, John F.(2003). *The Unending Frontier: The Environmental History of the Early Modern World*. Berkeley and Los Angeles: University of California Press.[5–40][6–39]
Riley, Matthew T.(2014). "A Spiritual Democracy of All God's Creatures: Ecotheology and the Animals of Lynn White, Jr.," in Stephen Moore, ed., *Divinanimality: Animal Theory, Creaturely Theology*. New York: Fordham University Press.[1–37]
Robin, Libby(2000). *Defending the Little Desert: The Rise of Ecological Consciousness in Australia*. Melbourne: Melbourne University Press.[4–181]
Robin, Libby, and Griffiths, Tom(2004). "Environmental History in Australasia," *Environment and History* 10, no. 4: 439–74.[SB][4–164, 169]
Rodman, John(1980)"Paradigm Change in Political Science: An Ecological Perspective," *American Behavioral Scientist* 24, no. 1: 49–78.[1–28]
Roksandic, Drago, Ivan Mimica, Natasa Stefanec and Vinca Gluncic-Buzancic, eds. (2003). *Triplex Confinium(1500–1800)*. Split and Zagreb: Knjizevni Krug.[4–86]
Rolls, Eric(1981). *A Million Wild Acres*. Melbourne: Nelson.[4–172]Rolls, Eric(1984)/ (1st edn. 1969). *…They All Ran Wild: The Story of Pests on the Land in Australia*. Sydney: Angus and Robertson.[4–172]
Rolls, Eric(2000). *Australia: A Biography. Volume I: The Beginnings*. St. Lucia: University of Queensland Press.[4–172]
Rome, Adam(2002). "What Really Matters in History? Environmental Perspectives on Modern America," *Environmental History* 7, no. 2: 303–18.[SB]
Rome, Adam(2003). "Conservation, Preservation, and Environmental Activism: A Survey of the Historical Literature." National Park Service website, "History: Links to the Past": https://www.nps.gov/parkhistory/hisnps/NPSThinking/nps-oah.htm.[3–5]
Rome, Adam, ed.(2005). What's Next for Environmental History?"(An Anniversary

Forum containing 29 short essays by scholars on future directions for environmental history), *Environmental History* 10, no. 1: 30–109.[SB]

Røpke, Inge(2004). "The Early History of Modern Ecological Economics," *Ecological Economics* 50: 293–314.[1–34]

Rothman, Hal(2002). "A Decade in the Saddle: Confessions of a Recalcitrant Editor," *Environmental History* 7, no. 1: 9–21.[SB]

Russell, Edmund(2003). "Evolutionary History: Prospectus for a New Field," *Environmental History* 8, no. 2: 204–28.[SB][6–43]

Russell, Edmund(2005). "Science and Environmental History," *Environmental History* 10: 80–2.[SB]

Russell, Edmund(2011). *Evolutionary History: Uniting History and Biology to Understand Life on Earth*. Cambridge: Cambridge University Press.[SB][6–44]

Russell, Edmund(2012). "Evolution and the Environment," in J. R. McNeill and Erin Stewart Mauldin, eds., *A Companion to Global Environmental History*. Oxford: Wiley-Blackwell, pp. 377–93.[SB]

Russell, Emily Wyndham Barnett(1997). *People and the Land Through Time: Linking Ecology and History*. New Haven: Yale University Press.[SB]

Russell, William Moy Stratton(1969). *Man, Nature, and History: Controlling the Environment*. New York: Natural History Press for the American Museum of Natural History.[5–3]

Runte, Alfred(1979). *National Parks: The American Experience*. Lincoln: University of Nebraska Press.[3–43]

Sallares, Robert(1991). *The Ecology of the Ancient Greek World*. Ithaca: Cornell University Press.[4–243]

Sandberg, L. Anders and Sverker Sörlin, eds.(1998). *Sustainability, the Challenge: People, Power, and the Environment*. Montreal: Black Rose Books.[4–79]

Sandlos, John(2001). "From the Outside Looking In: Aesthetics, Politics and Wildlife Conservation in the Canadian North," *Environmental History* 6, no. 1: 6–31.[4–17]

Santos, Antonio Ortega(2009). "Agroecosystem, Peasants, and Conflicts: Environmental History in Spain at the Beginning of the Twenty-first Century," *Global Environment* 4: 156–79.[4–102]

Satya, Laxman D.(2004). *Ecology, Colonialism, and Cattle: Central India in the Nineteenth Century*. New Delhi: Oxford University Press.[4–128]

Schatzki, Theodore R.(2003). "Nature and Technology in History," *History and Theory* 42, pp. 82–93.[SB]

Schott, Dieter, Bill Luckin and Geneviève Massard-Guilbaud, eds.(2005). *Resources of the City: Contributions to an Environmental History of Modern Europe*. Aldershot: Ashgate.[4–54]

Schrepfer, Susan R.(2005). *Nature's Altars: Mountains, Gender and American Environmentalism*. Lawrence: University Press of Kansas.[3–55]

Schulten, Susan(2008). "Get Lost: On the Intersection of Environmental and Intellectual History," *Modern Intellectual History* 5, no. 1: 141–52.[SB]

Sears, Paul B.(1964). "Ecology - A Subversive Subject," *BioScience* 14, no. 7: 11–13.[1–45]

Seirinidou, Vaso(2009). "Historians in the Nature: A Critical Introduction to Environmental History," *Ta Historica* 51: 275-97.[4-111]

Sellars, Richard W.(1997). *Preserving Nature in the National Parks*. New Haven, CT: Yale University Press.[3-43]

Sellers, Christopher(1999). "Thoreau's Body: Towards an Embodied Environmental History," *Environmental History* 4, no. 4: 486-514.[SB]

Shapiro, Judith(2001). *Mao's War against Nature: Politics and the Environment in Revolutionary China*. Cambridge: Cambridge University Press.[4-144]

Shaw, Brent D.(1981). "Climate, Environment, and History: The Case of Roman North Africa," in T. M. L. Wigley, M. J. Ingram, and G. Farmer, eds., *Climate and History: Studies in Past Climates and Their Impact on Man*. Cambridge: Cambridge University Press.[1-44]

Sheail, John(2002). *An Environmental History of Twentieth-Century Britain*. New York: Palgrave.[4-36]

Shelford, Victor E.(1929). *Laboratory and Field Ecology*. Baltimore, MD: Williams and Wilkins.[1-49]

Spence, Mark David(2000). *Dispossessing the Wilderness: Indian Removal and the Making of the National Parks*. New York: Oxford University Press.[1-55]

Shepard, Paul and Daniel McKinley, eds.(1969). *The Subversive Science: Essays Toward an Ecology of Man*. Boston, MA: Houghton Mifflin.[1-47]

Shepard, Paul(1969)"Introduction: Ecology and Man - A View- point," in Shepard and McKinley, *The Subversive Science*, pp. 1-10. [1-48]

Simmons, Ian Gordon(1989)/(2nd ed. 1996). *Changing the Face of the Earth: Culture, Environment, History*. Oxford, UK: Cambridge, Mass., USA: Blackwell.[SB][1-24][5-9]

Simmons, Ian Gordon(1993). *Environmental History: A Concise Introduction*. Oxford, UK: Cambridge, Mass., USA: Blackwell.[SB][1-25][5-9][7-6, 14, 15]

Simmons, Ian Gordon(2001). *An Environmental History of Great Britain: From 10,000 Years Ago to the Present*. Edinburgh: Edinburgh University Press.[4-34]

Simmons, Ian Gordon(2008). *Global Environmental History*. Chicago: University of Chicago Press.[SB][5-10]

Singh, Rana P. B., ed.(1993). *The Spirit and Power of Place: Human Environment and Sacrality*. Banaras: National Geographical Society of India.[4-123]

Sittert, Lance van(2005). "The Other Seven-Tenths," *Environmental History* 10, no. 1 : 106-9.[6-47]

Smithers, Gregory D. (2015). "Beyond the 'Ecological Indian': Environmental Politics and Traditional Ecological Knowledge in Modern North America," *Environmental History* 20, no. 1 : 83-111.[1-17]

Smout, T. C.(2000). *Nature Contested: Environmental History in Scotland and Northern England since 1600*. Edinburgh: Edinburgh University Press.[4-41]

Smout, T. C.(2003). *People and Woods in Scotland: A History*. Edinburgh: Edinburgh University Press.[4-41]

Smout, T. C.(2009). *Exploring Environmental History*. Edinburgh: Edinburgh University Press.[SB]

Smout, T. C., ed.(1993). *Scotland Since Prehistory: Natural Change & Human Impact*. Aberdeen: Scottish Cultural Press.[4-41]

Smout, T. C. and R. A. Lambert, eds.(1999). *Rothiemurchus: Nature and People on a Highland Estate 1500-2000*. Edinburgh: Scottish Cultural Press.[4-41]

Smout, T. C., Alan R. MacDonald, and Fiona J. Watson(2005). *A History of the Native Woodlands of Scotland, 1520-1920*. Edinburgh: Edinburgh University Press.[4-43]

Smout, T. C. and Mairi Stewart(2013). *The Firth of Forth: An Environmental History*. Edinburgh: Birlinn.[4-44]

Sörlin, Sverker and Anders Öckerman(1998). *Jorden en Ö: En Global Miljöhistoria (Earth an Island: A Global Environmental History)*. Stockholm: Natur och Kultur. [4-80][5-19]

Sörlin, Sverker and Warde, Paul(2007). "The Problem of the Problem of Environmental History: A Re-Reading of the Field," *Environmental History* 12: 107-30.[SB]

Spence, Mark David(2000). *Dispossesing the Wilderness: Indian Removal and the Making of the National Parks*. New York: Oxford University Press.[1-55]

Sponsel, Leslie E., Thomas N. Headland, and Robert C. Bailey, eds.(1996). *Tropical Deforestation: The Human Dimension*. New York: Columbia University Press.[5-46]

Squatriti, Paolo, ed.(2007). *Natures Past: The Environment and Human History*. Ann Arbor: University of Michigan Press.[SB]

Star, Paul(2003). "New Zealand Environmental History: A Question of Attitudes," *Environment and History* 9, no. 4: 463-76.[SB]

Steen, Harold K.(1996). *The Forest History Society and Its History*. Durham, NC: Forest History Society.[3-68]

Steen, Harold K.(2004). *The US Forest Service: A Centennial History*. Seattle: University of Washington Press.[3-42]

Steinberg, Ted(2002a). "Down to Earth: Nature, Agency and Power in History," *American Historical Review* 107, no. 3: 798-820.[SB]

Steinberg, Ted(2002b). *Down to Earth: Nature's Role in American History*. New York: Oxford University Press.[3-18]

Steinberg, Ted(2004). "Down, Down, Down, No More: Environmental History Moves Beyond Declension," *Journal of the Early Republic* 24, no. 2: 260-6.[6-14]

Stevis, Dimitris(2010). "International Relations and the Study of Global Environmental Politics: Past and Present," in Robert A. Denemark, ed., *International Studies Encyclopedia*. Malden, MA: Wiley-Blackwell, pp. 4476-507.[1-33]

Stewart, Mart A.(1998). "Environmental History: Profile of a Developing Field," *History Teacher* 31: 351-68.[SB]

Stewart, Mart A.(2005). "If John Muir Had Been an Agrarian: American Environmental History West and South," *Environment and History* 11, no. 2 : 139-62.[SB][3-66]

Steyn, Phia.(1999). "A Greener Past? An Assessment of South African Environmental Historiography," *New Contree* 46 : 7-27.

Stine, Jeffrey K., and Tarr, Joel A.(1998). "At the Intersection of Histories: Technology and the Environment," *Technology and Culture* 39: 601-40.

Stine, Jeffrey K. and Joel A. Tarr(1998). "At the Intersection of Histories: Technology and the Environment," *Technology and Culture* 39, no. 4: 601-40.[3-59]

Stoll, Mark, ed. American Society for Environmental History. *Historiography Series in Global Environmental History*: http://www.h-net.org/~environ/historiography/historiography.html.[SB]

Stroud, Ellen(2003). "Does Nature Always Matter? Following Dirt Through History." *History and Theory* 42: 75-81.[SB][6-51]

Sutter, Paul(2003). "What Can US Environmental Historians Learn from Non-US Environmental Historiography?" *Environmental History* 8, no. 1: 109-29.

Sutter, Paul S. and Christopher J. Manganiello, eds.(2009). *Environmental History and the American South: A Reader*. Athens: University of Georgia Press.[3-32]

Szarka, Joseph(2002). *The Shaping of Environmental Policy in France*. New York: Berghahn Books.[4-50]

Tal, Alon(2002). *Pollution in a Promised Land: An Environmental History of Israel*. Berkeley: University of California Press.[4-117]

Tarr, Joel(1996). *The Search for the Ultimate Sink: Urban Pollution in Historical Perspective*. Akron, OH: Akron University Press.[3-49][5-1]

Tate, Thad W.(1981). "Problems of Definition in Environmental History," *American Historical Association Newsletter* : 8-10.

Taylor, Alan(1996). "Unnatural Inequalities: Social and Environmental Histories," *Environmental History* 1, no. 4 : 6-19.

TeBrake, William H.(1984). *Medieval Frontier: Culture and Ecology in Rijnland*. College Station: Texas A&M University Press.[4-68]

TeBrake, William(1985). *Medieval Frontier: Culture and Ecology in Rijnland*. College Station: Texas A&M University Press.[4-239]

Terrie, Philip G.(1989). "Recent Work in Environmental History," *American Studies International* 27: 42-63.[SB]

Thirgood, J. V.(1981). *Man and the Mediterranean Forest*. London: Academic Press.[4-243]

Thomas, Keith(1983). *Man and the Natural World: Changing Attitudes in England 1500-1800*. London: Allen Lane; キース・トマス／山内昶監訳『人間と自然界——近代イギリスにおける自然観の変遷』(叢書・ウニベルシタス；272)法政大学出版局, 1989 年．[4-35]

Thomas, William L. Jr.(1956). *Man's Role in Changing the Face of the Earth*. Chicago and London: University of Chicago Press.[5-2]

Thommen, Lukas(2012). *An Environmental History of Ancient Greece and Rome*. Cambridge: Cambridge University Press.[4-243]

Thucydides(1972). *History of the Peloponnesian War*, trans. Rex Warner. Harmondsworth, UK: Penguin Books.[2-3, 4, 5]

Thüry, Günther E.(1995). *Die Wurzeln unserer Umweltkrise und die griechisch-römische Antike*. Salzburg: Otto Müller Verlag.[4-243]

Totman, Conrad(1989). *The Green Archipelago: Forestry in Preindustrial Japan*. Berkeley: University of California Press; コンラッド・タットマン／熊崎実訳『日本人はどのように森をつくってきたのか』築地書館, 1998 年．[4-160]

Totman, Conrad (2004). *Pre-Industrial Korea and Japan in Environmental Perspective.* Boston: Brill. [4-156]

Totman, Conrad (2005). *A History of Japan*, 2nd edn. Oxford: Blackwell. [4-160]

Totman, Conrad (2014). *Japan: An Environmental History.* London: I. B. Tauris. [4-159]

Toynbee, Arnold Joseph (1934-61). *A Study of History*, 12 vols. London: Oxford University Press; A. J. トインビー／下島連など訳『歴史の研究』,「歴史の研究」刊行会, 1966-1972年.[5-8]

Toynbee, Arnold Joseph (1976). *Mankind and Mother Earth: A Narrative History of the World.* New York: Oxford University Press; A. J. トインビー／山口光朔・増田英夫訳「人類と母なる大地1」『トインビー著作集 補1』社会思想社, 1979年; 同訳「人類と母なる大地2」『トインビー著作集 補2』社会思想社, 1979年.[5-7]

Tuan, Yi-Fu (1969). *China.* Chicago: Aldine. [4-146]

Tucker, Richard P. and John F. Richards, eds. (1983). *Global Deforestation and the Nineteenth-Century World Economy.* Durham, NC: Duke University. [5-45]

Tucker, Richard P. (2000). *Insatiable Appetite: The United States and the Ecological Degradation of the Tropical World.* Berkeley: University of California Press. [5-59]

Turner, B. L., William C. Clark, Robert W. Kates, John F. Richards, Jessica T. Mathews, and William B. Meyer, eds. (1990). *The Earth as Transformed by Human Action: Global and Regional Changes in the Biosphere over the Past 300 Years.* Cambridge: Cambridge University Press. [5-4]

Turner, Frederick Jackson (1893). "The Significance of the Frontier in American History," AHA, *Annual Report for the Year 1893.* Washington, DC: American Historical Association, pp. 199-227. [2-49]

Udall, Stewart (1963). *The Quiet Crisis.* New York: Holt, Rinehart and Winston. [3-3]

Uekoetter, Frank (1998). "Confronting the Pitfalls of Current Environmental History: An Argument for an Organizational Approach," *Environment and History* 4, no. 1: 31-52. [SB]

Uekoetter, Frank, ed. (2010). *The Turning Points of Environmental History.* Pittsburgh: University of Pittsburgh Press. [SB]

Unger, Nancy C. (2012). *Beyond Nature's Housekeepers: American Women in Environmental History.* New York: Oxford University Press. [3-57]

van Dam, Petra J. E. M. (1996). "De tanden van de waterwolf. Turfwinning en het onstaan van het Haarlemmermeer 1350-1550" ("The Teeth of the Waterwolf. Peat Cutting and the Increase of the Peat Lakes in Rhineland, 1350-1550"), *Tijdschrift voor Waterstaatsge-schiedenis*: 2, 81-92. [4-239]

van Dam, Petra J. E. M. (1998). *Vissen in Veenmeeren: De sluisvisserij op aal tussen Haarlem en Amsterdam en de ecologische transformatie in Rijnland, 1440-1530.* Hilversum: Verloren. [4-67]

van de Ven, G. P. (1993). *Man-made Lowlands: History of Water Management and Land Reclamation in the Netherlands.* Utrecht: Uitgeverij Matrijs. [4-64]

Verbruggen, Christophe, Erik Thoen, and Isabelle Parmentier (2013). "Environmental History in Belgian Historiography," *Journal of Belgian History* 43, no. 4: 173-86. [4-

70]

Verwilghen, Albert F.(1967). *Mencius: The Man and His Ideas*, New York, St. John's University Press.[2-7]

Vieira, Alberto, ed.(1999). *História e Meio-Ambiente o Impacto da Expansão Europeia (History and Environment: The Impact of the European Expansion)*. Funchal, Madeira: Centro de Estudos de História do Atlântico.[4-103]

Vitale, Luis(1983). *Hacia una Historia del Ambiente en América Latina (Toward a History of the Environment in Latin America)*. Mexico, DF: Nueva Sociedad/Editorial Nueva Imagen.[4-229]

Vlassopoulou, Chloe A.(2005). "Automobile Pollution: Agenda Denial vs. Agenda Setting in Early 20th-Century France and Greece," in Mauro Agnoletti, Marco Armiero, Stefania Barca, and Gabriella Corona, eds., *History and Sustainability*. Florence: University of Florence, Dipartimento di Scienze e Tecnologie Ambientali e Forestali, pp. 252-6.[4-108]

Vlassopoulou, Chloe A. and Georgia Liarakou, eds.(2011). *Perivallontiki Istoria: Meletes ya tin arhea ke ti sinhroni Ellada (Environmental History: Essays on Ancient and Modern Greece)*. Athens: Pedio Press.[4-109]

Wakild, Emily(2011). *Revolutionary Parks: Conservation, Social Justice, and Mexico's National Parks, 1910-1940*. Tucson: University of Arizona Press.[1-56]

Walker, Brett L.(2006). *The Conquest of Ainu Lands: Ecology and Culture in Japanese Expansion, 1590-1800*. Berkeley: University of California Press; ブレット・ウォーカー／秋月俊幸訳『蝦夷地の征服 1590-1800――日本の領土拡張にみる生態学と文化』北海道大学出版会, 2007 年 .[4-163]

Warde, Paul, and Sverker Sörlin(2007). "The Problem of the Problem of Environmental History: A Re-reading of the Field and its Purpose," *Environmental History* 12, no. 1: 107-30.[SB]

Warde, Paul, and Sverker Sörlin(2009). *Nature's End: History and the Environment*. London: Macmillan.[SB]

Watson, Fiona(2003). *Scotland: From Prehistory to Present*. Stroud, UK: Tempus Publishing.[4-42]

Weart, Spencer R.(2008). *The Discovery of Global Warming: Revised and Expanded Edition*, Cambridge, MA, Harvard University Press; スペンサー・R. ワート／増田耕一・熊井ひろ美訳『温暖化の〈発見〉とは何か』みすず書房, 2005 年 .[1-42]

Webb, Walter Prescott(1960)"Geographical-Historical Concepts in American History," *Annals of the Association of American Geographers* 50: 85-93.[2-50]

Webb, Walter Prescott(1931). *The Great Plains*. Boston: Ginn and Company.[3-21]

Webb, James L. A. Jr.(2002). *Tropical Pioneers: Human Agency and Ecological Change in the Highlands of Sri Lanka, 1800-1900*. Athens: Ohio University Press.[4-135]

Weeber, Karl-Wilhelm(1990). *Smog über Attika: Umweltverhalten im Altertum*. Zürich: Artemis Verlag; K- ヴィルヘルム・ヴェーバー／野田偉訳『アッティカの大気汚染――古代ギリシア・ローマの環境破壊』鳥影社, 1996 年 .[4-243]

Weiner, Douglas R.(1988)/(2nd edn., 2000). *Models of Nature: Ecology, Conservation, and Cultural Revolution in Soviet Russia*. Bloomington: Indiana University Press.

[4-89]
Weiner, Douglas R.(1999). *A Little Corner of Freedom: Russian Nature Protection from Stalin to Gorbachëv*. Berkeley: University of California Press.[4-90]
Weiner, Douglas R.(2004). "Russia and the Soviet Union," in Shepard Krech III, J. R. McNeill, and Carolyn Merchant, eds., *Encyclopedia of World Environmental History*, 3 vols. New York: Routledge, vol. 3, pp. 1074-80.[4-91]
Weiner, Douglas R.(2005). "A Death-Defying Attempt to Articulate a Coherent Definition of Environmental History," *Environmental History* 10, no. 3: 404-20.[SB][1-52]
Wells, H. G.(1920). *The Outline of History*. 2 vols. New York: Macmillan; H. G. ウェルズ／長谷部文雄・阿部知二訳『世界史概観』(上下)岩波新書, 1966 年 .[6-17]
White, Lynn(1967). "The Historical Roots of Our Ecologic Crisis," *Science* 155 : 1203-7.[1-36]
White, Richard(1985). "American Environmental History: The Development of a New Historical Field," *Pacific Historical Review* 54: 297-335.[SB][3-11]
White, Richard(2001a). "Afterword, Environmental History: Watching a Historical Field Mature," *Pacific Historical Review* 70, 103-11.[SB][3-11]
White, Richard(2001b). "Environmental History: Retrospect and Prospect," *Pacific Historical Review* 70, no. 1: 55-7.[SB]
White, Sam A.(2011a). "Middle East Environmental History: Ideas from an Emerging Field," *World History Connected*: http://worldhistoryconnected.press.illinois.edu/8.2/forum_white.html.[4-112]
White, Sam A.(2011b). *The Climate of Rebellion in the Early Modern Ottoman Empire*. New York: Cambridge University Press.[4-115]
Whitelock, Dorothy, ed.(1961). *The Anglo-Saxon Chronicle*. New Brunswick, NJ: Rutgers University Press.[2-25]
Williams, Michael(1984). "The Relations of Environmental History and Historical Geography," *Journal of Historical Geography* 20: 3-21.[SB]
Williams, Michael(1992). *Americans and Their Forests: A Historical Geography*. Cambridge: Cambridge University Press.[3-69]
Williams, Michael(1994)"The Relations of Environmental History and Historical Geography," *Journal of Historical Geography* 20, no. 1: 3-21.[7-25]
Williams, Michael(1998). "The End of Modern History?" *Geographical Review* 88, no. 2: iii-iv and 275-300.[SB][7-24]
Williams, Michael(2003). *Deforesting the Earth: From Prehistory to Global Crisis*. Chicago: University of Chicago Press.[3-67][5-43, 44][6-32]
Wilkins, Thurman(1995)*John Muir: Apostle of Nature*. Norman: University of Oklahoma Press.[3-34]
Windt, Henny J. van der(1995). *En Dan, Wat Is Natuur Nog in Dit Land? Natuurbescherming in Nederland 1880-1990*. Amsterdam: Boom.[4-65]
Winiwarter, Verena(2005). *Umweltgeschichte: Eine Einführung (Environmental History: An Introduction)*. Stuttgart: UTB.[4-55]
Winiwarter, Verena, et al.(2004). "Environmental History in Europe from 1994 to 2004: Enthusiasm and Consolidation." *Environment and History* 10, no. 4: 501-30.[SB][4

-25]
Winstanley-Chesters, Robert(2014). *Environment, Politics, and Ideology in North Korea: Landscape as a Political Project*. New York: Lexington Books.[4-158]
Woolner, David B. and Henry L. Henderson, eds.(2009). *FDR and the Environment*. New York: Palgrave Macmillan.[3-39]
Worster, Donald(1977). *Nature's Economy*. Cambridge: Cambridge University Press; ドナルド・オースター／中山茂他訳『ネイチャーズ・エコノミー——エコロジー思想史』リブロポート，1989年.[7-26]
Worster, Donald(1979). *Dust Bowl: The Southern Plains in the 1930s*. New York: Oxford University Press.[3-23]
Worster, Donald(1982). "World Without Borders: The Internationalizing of Environmental History," *Environmental Review* 6, no. 2: 8-13.[SB][4-6]
Worster, Donald(1984). "History as Natural History: An Essay on Theory and Method," *Pacific Historical Review* 53: 1-19.[SB]
Worster, Donald(1988a). "Doing Environmental History," in Worster, ed., *The Ends of the Earth: Perspectives on Modern Environmental History*. Cambridge: Cambridge University Press, pp. 289-308.[1-1, 14, 20][5-28, 29][7-1, 7, 8, 9]
Worster, Donald(1988b). "The Vulnerable Earth: Toward a Planetary History" and "Doing Environmental History," in D. Worster, ed., *The Ends of the Earth: Perspectives on Modern Environmental History*. Cambridge: Cambridge University Press, pp. 3-22.[6-13]
Worster, Donald(1993a). "Arranging a Marriage: Ecology and Agriculture," *The Wealth of Nature: Environmental History and the Ecological Imagination*. New York: Oxford University Press, pp. 64-70; rept. in Merchant(1993).[3-65]
Worster, Donald(1993b). *The Wealth of Nature: Environmental History and the Ecological Imagination*. New York, Oxford: Oxford University Press; ドナルド・ウォスター／小倉武一訳『自然の富——環境の歴史とエコロジーの構想』（農政研究センター国際部会リポート；no. 38）食料・農業政策研究センター，1997年.[SB][6-7, 8]
Worster, Donald(1994). "Nature and the Disorder of History," *Environmental History Review* 18: 1-15.[SB]
Worster, Donald(1996). "The Two Cultures Revisited: Environmental History and the Environmental Sciences," *Environment and History* 2, no. 1: 3-14.[SB][6-2]
Worster, Donald(2001). *A River Running West: The Life of John Wesley Powell*. New York: Oxford University Press.[3-36]
Worster, Donald(2008). *A Passion for Nature: The Life of John Muir*. New York: Oxford University Press.[3-34]
Worster, Donald, ed.(1988) *The Ends of the Earth: Perspectives on Modern Environmental History*. Cambridge: Cambridge University Press[5-28]
Worster, Donald, et al.(1990). "A Roundtable: Environmental History," *Journal of American History* 74, no. 4: 1087-147.[SB]
Wynn, Graeme(2007). *Canada and Arctic North America: An Environmental History*. Santa Barbara: ABC-CLIO.[4-11]
Wynn, Graeme, ed.(guest editor)(2004). "On the Environment," *BC Studies* 142, no. 3.[4-11]

Wynn, Graeme and Matthew Evenden(2006). "Fifty-four, Forty, or Fight? Writing Within and Across Boundaries in North American Environmental History," presented at a conference on "The Uses of Environmental History," Centre for History and Economics, University of Cambridge, UK, January 13–14.[4–10]

Xenophon *Oeconomicus*[The Economist]A Treatise on the Science of the Household in the form of a Dialogue. Text derived from The Works of Xenophon by H. G. Dakyns, Macmillan and Co., 1987. This web edition published by eBooks@Adelaide: https://ebooks.adelaide.edu.au/x/xenophon/x5oe/[2–13]

Xueqin, Mei(2007). "From the History of the Environment to Environmental History: A Personal Understanding of Environmental History Studies," *Frontiers of History in China* 2, no. 2: 121–44.[4–152, 153, 154]

Yerolympos, Alexandra(2003). "Fire Prevention and Planning in Mediterranean Cities, 1800–1920," in Leos Jelecek, Pavel Chromy, Helena Janu, Josef Miskovsky, and Lenka Uhlirova, eds., *Dealing with Diversity, Abstract Book*. Prague: Charles University in Prague, Faculty of Science, pp. 138–9.[4–110]

Young, Charles R.(1979). *The Royal Forests of Medieval England*. Philadelphia: University of Pennsylvania Press.[2–25]

Zeller, Suzanne(1987). *Inventing Canada: Early Victorian Science and the Idea of a Transcontinental Nation*. Toronto: University of Toronto Press.[4–18]

Zupko, Ronald E. and Robert A. Laures(1996). *Straws in the Wind: Medieval Urban Environmental Law-The Case of Northern Italy*. Boulder, CO: Westview Press.[2–26][4–239]

訳者あとがき

　本書の著者であるJ. ドナルド・ヒューズ(J. Donald Hughes)氏はアメリカ合衆国において環境史研究を一つの学問分野として確立させた第一世代の一人である．本訳書は，J. Donald Hughes, *What is Environmental History?*, Second Edition, Cambridge, UK/Malden, MA, USA: Polity Press(What is History? series), 2016 の全訳である．

　ヒューズ氏は，環境史の意義を本書の巻末で端的に表現されている(本書141-2頁，一部省略)．

> 環境史の意義が増していることは人間の不幸に起因している．……戦争，テロリズム，または経済的な不正義を改善することよりも，さらにより困難な人間の不幸に起因し……意思決定は，狭く特定の関係者の利害に基づく近視眼的な政治的議論の犠牲になってしまう．これらの短期的な思考が基盤にしているのは特殊利害の諸相である．環境史は安易な答えに対する有益な修正となりうる……．

　環境史は実践的な歴史学である．しかし，すでに膨大な研究の蓄積を持つ歴史学の上に生まれたその一分野であるだけに，環境問題を考える際に，安易に特定のステークホルダー(利害関係者集団)を想定し，そしてその集団間の諸問題の解決をアクションリサーチと称し，自らの実践研究の課題とするようなことはしない．特殊利害に基づく全てのアクションは想定外の連鎖を生み出す可能性があるからである．地球上そして地球内部のあらゆる生命体や化石燃料，鉱物資源，地下のマグマ，プレートの移動，気象現象，気候変動などの全て，そして太陽を含む宇宙空間の全てが環境史研究の対象であると言っても過言ではない．

　歴史学は人間を対象とする学問である．しかし，「環境史が探求するのは人間と自然との間にある相互の関係性であり，それは時間とともに変化する」(本書1頁)．環境史は人間だけが主体ではない．歴史学の一分野であっても，歴史学を大きく逸脱している側面がある．例えば環境史が対象とするのは，細菌

のような微生物そのものやクジラのような巨大生物あるいは複雑な土壌や石油資源の歴史であるから，取り上げる時間も空間も異なる．時間の長さも空間の規模も複雑で多様であるため，自然環境の実態は人間が想定できる範囲を大きく逸脱している可能性があるのである．

　環境史のもう一つの特徴は現場主義にある．古代環境史を主な研究対象として幅広く環境史の研究動向を熟知しているヒューズ氏はその特徴を本書で巧みに表現されている（本書134頁）．

　　著作家は五感を晒して，地域固有の性質を感じ取ることで学ぶことが多い．オレゴン州の山頂に吹く海風の香り，ペルー，アマゾンの熱帯雨林で……オオツリスドリが巣へ帰る姿，トスカーナ地方特有の……葡萄園，フィジーの沖合のサンゴ礁に打ち寄せる……足元の砂，カルナタカの香辛料畑で味わう甘いココナッツ水．……それぞれがその場所の他の些細な情報と組み合わさり，読書からは通常得られない情報を形成する……．

　ここでも原則として座学である一般の歴史学という領域から大きく逸脱している．環境史の情報源は通常の歴史資料である文書群をはるかに超えたものであり，それだけに旧来の歴史学の方法では通用しない分野もあり，また，歴史研究者として大学で受けた教育だけでは計り知れない研究対象があり得る．そのため，歴史研究者ではない生物学系の異分野の研究者が優れた環境史を書く場合がある．歴史家ではない地理学者，生態学者その他の専門分野の研究者の多くの著作が本書では紹介されている．本書と併行して，例えば，リン・ハント『グローバル時代の歴史学』（長谷川貴彦訳，岩波書店，2016年；原書，2014年）を比較して読むと一般の歴史学と環境史の違いが良くわかる．さらに本書では邦語文献は十分に紹介しきれなかったので，もし大学の授業等で利用して頂く場合には，それぞれのテーマや領域において，邦語文献リストを適宜保管して貰えれば，アメリカ合衆国特有あるいは日本特有の環境理解を明確にすることができると思う．また原書に基づき作成した少し詳細な索引は，レポート課題などでうまく活用して頂けると有難い．

　いずれにしても，環境史研究の幅広さと奥深さには圧倒されるであろう．巻末の参考文献にもあるように，この小冊子で紹介されている書籍や論文などの文献は614点を数える．原書では注において紹介される文献の他に選り抜かれ

た文献目録があり，この二つから，必読書や参照すべき文献の詳細を知ることができる．重複と煩雑さを避け，本訳書では両者を一括し，それぞれの章の注番号を付すことで，本文との対応ができるようにした．また，邦訳がある文献については邦題を記した．なお，多くの文献の表題が本文にも登場しているが，文章の中で取り上げられているということもあり，原著の用語・邦訳との整合性を考えて，ある程度自由に表題を訳出しており，邦訳本の表題とは異同があることを申し添えておきたい．

＊

ところで，本書の著者であるヒューズ氏と最初に懇意にお話をしたのは，翻訳者の一人である村山が後に学会長を務めた東アジア環境史協会(Association for East Asian Environmental History: AEAEH)主催による最初の国際学会が2011年10月に台湾の中央研究院で開催された時である．本書にも書かれているように，環境史家が話をするのは大学や学会の発表時だけではない．この学会の巡検(エクスカーション)において，野柳地質公園(Yehliu Geopark)を訪れ，昼食の際に食堂で同席したことがきっかけであった．その際の同行者で，アメリカの環境史研究にも精通され，科学史・環境史を専門とされている瀬戸口明久氏にヒューズ氏を紹介して頂いた．

アメリカの環境史学会の設立は比較的早く1970年代であるが，各地域の環境史学会をつなぐ世界大の環境史学会は，ようやく2009年にデンマークのコペンハーゲンそしてスウェーデンのマルメの2地点を会場として開催された．それが村山も参加し水環境について報告を行った第1回世界環境史会議であった．しかし，その時点では東アジアを代表する環境史研究者の組織はまだ生まれていない．その後，台湾の中央研究院副研究院長の劉翠溶(Ts'ui-jung Liu)氏が主導し，日本側は鬼頭宏氏と共に村山が発起人の一人となり，東アジア環境史協会を立ち上げ，日本においても環境史研究会を若手の研究仲間と共に発足させた．現在，100人以上の会員がメーリングリストに登録しており，毎年増加している．

2015年，村山が東アジア環境史協会の学会長であった時に，高松で第3回東アジア環境史学会(EAEH 2015)を開催した．その際の基調講演の企画は，この時点での世界の環境史学会の動向を反映している．村山を代表とする大会運

営委員会で計画したものであり、後に述べる共訳者の中村博子も加わっていた．大会初日の最初の基調講演は、アイヌ民族、日本オオカミそして水俣病などの四大公害事件に関し日本の環境史の重要な著作を公刊していたブレット・L．ウォーカー(Brett L. Walker)氏によるものであり、「自然の、そして自然ではない災害のいろいろ——3・11、アスベストそして日本の現代世界の破壊」(Natural and Unnatural Disasters: 3/11, Asbestos, and the Unmaking of Japan's Modern World)と題した講演であった．そして市民向けの公開講演会も企画し、若手の環境史家であるキャメロン・ムーア(Cameron Muir)氏の「壊れた景観とともに生きる」(Living with 'broken landscapes')、香川県における害獣被害に関して香川県職員高尾勇一郎氏の「香川県で新たに発生している地域の挑戦」(Emerging Local Challenges in Kagawa, Japan)と題した2本の基調講演に対して、藤原辰史氏がディスカッサントとして参加しシンポジウムを開催した．そして、ヒューズ氏には学会を締めくくる意味でも最終日の最後に「境界線とモザイクの諸相、東と西——環境史における景観の作り手」(Borders and Mosaics, East and West: Landscape Organization in Environmental History)と題して、お話を頂き、その基調講演に基づくラウンドテーブルでは、本書でも度々言及されるドナルド・ウースター(Donald Worster)氏からもディスカッサントとして貴重なコメントを得ることができた．

　これらの基調講演について、ウォーカー氏の基調講演の世話役をした瀬戸口氏は、2016年2月に、村山が京都の総合地球環境学研究所で行っていた研究プロジェクトで、特にウォーカー、ムーア、ヒューズそしてウースター各氏の発言を総括して、「創発時代の環境史研究は終わりを告げ、つまり、異分野の出会いの場がもたらす刺激の時代は終わり、再び、それぞれは自分の学問分野に戻るのか、それとも第三の道がありうるのか」という問いかけをされていた．経済史や農業史、林業史、社会史あるいは食の歴史など様々な分野での研究蓄積と環境問題への対処という実践が進められる．その成果が再び環境史研究に投げ返された時、現在ヨーロッパとアメリカのそれぞれで刊行されている環境史研究の学術雑誌もその内容を一新する時代が来るかもしれない．あるいは一般市民も参画できるような全く新たな学術雑誌が登場するかもしれない．本書で詳しく述べられている「環境史をする」あるいは「しようとする」(Doing Environmental History）一般市民そして歴史家だけではない異分野の研究者への期待は大きい．

*

　さて本書は，アメリカ合衆国を中心とした環境史研究の動向を追跡したものである．もっとも，2006 年に刊行された本書の初版本と比較した時，いかにそれが世界に拡大したかがわかる．特に世界各地の動向を紹介している第 4 章では，参照文献等を主に示している注は初版本では 161 項目であったのに対して，第 2 版では，およそ 1.5 倍の 244 項目となり，頁数も 24 頁から 32 頁へと拡大している．この間に発足した東アジア環境史協会のように，世界各地で環境史系の学会も充実し，また，著作も大きく増加したのである．

　高松での学会の後，2016 年春にシアトルで開催されたアメリカ環境史学会の年次大会で村山はヒューズ氏と再会し旧交を温め，そこで本書を謹呈して頂いた．帰りの飛行機の出発の待ち時間に数章を一気に読み終え，日本の読者に向けて，翻訳をする必要があることを痛感した．環境史研究は，それを専門分野として確立させた第一世代が高齢となり，一定の学術水準を有したルーティーンワークとしての歴史研究はともかくとして，今後大きな転換が期待される．そのためにも一度，これまでの研究蓄積において知られている文献等を一望できるような本書を日本の読者に提供する必要があると考えた．帰国後，『環境の経済史──森林・市場・国家』（岩波現代全書，2014 年）の著者である斎藤修先生に出版先の相談をさせて頂き，岩波書店から刊行して頂けることに決まった．ここに心から感謝の意を表したい．また，高松での EAEH 2015 で基調講演企画に関わって頂いた瀬戸口氏と藤原氏は現在，東アジア環境史協会の理事の一員として活躍されている．この場を借りてこの学会でお世話になった多くの日本の環境史家にも感謝の意を表したい．

　なお，翻訳は中村博子に共訳者として加わってもらった．フリーランスの翻訳家・通訳としても活躍する中村は，香川大学大学院教育学研究科で村山の指導の下，環境史の修士論文を英語で仕上げている．ドイツと日本の経済史ならびに環境史の比較研究者である村山の思考方法も良く知っているので，中村との共同作業なくしては，多少難解な部分のある原著を日本語にする作業は完成し得なかっただろう．特に感謝したい．

村山は東アジア環境史協会の学会長をしていたとはいえ，膨大な領域を含む環境史には知らないことも多い．しかし多くの若いあるいは熟達した環境史研究者や，環境史研究であると自分の研究を位置づけてはいない研究者も含めて，彼女たちあるいは彼らから受けることのできた知識は膨大である．また，日本の環境史研究会の研究グループ以外でも，村山がフェローをしていたミュンヘンにある「環境と社会のためのレイチェル・カーソン・センター」の同僚たち，フェローとして同期であったドナルド・ウースター氏も含めて，そのネットワークから得ることのできた知識と経験は数知れない．一人一人のお名前をあげることはできないが，翻訳にあたって，これらのネットワークによって得られた知見のおかげで，根本的な理解不足や誤解は避けられたのではないかと考え，ここで研究仲間の皆様に改めて感謝の意を表したい．

　2018年9月25日

訳者を代表して　村　山　　聡

索　引

＊ 索引の語句そのものがなくても，関連すると思われる箇所は採項した．

欧　字

DDT（殺虫剤）　124
EDEN（学者集団）　55, 74
GATT　→関税及び貿易に関する一般協定
UNEP　→国連環境計画

あ　行

アインシュタイン（, アルベルト）　104
アガナシニ川　126
アジア　21, 59, 76-80, 98, 100, 119
　中央アジア　17, 25
　東南アジア　59, 70-74, 120
　西アジア　69
　東アジア　57, 74-77, 98
　南アジア　52, 56-57, 70-74, 100
アースファースト（Earth First!）　103
アスワンダム　67
アッシジのフランチェスコ　12
アッティカ　21, 135
アテネ　21-22, 69, 134-135
アトス半島　20
アナール学派　32-33, 62
アフ・トンガリキ　94
アフリカ　5, 33, 52, 59, 82-85, 97, 116, 122, 136
　北アフリカ　13, 69-70
　サハラ砂漠以南のアフリカ　82
　中央アフリカ　84
　西アフリカ　102
　東アフリカ　83
　南アフリカ　28, 57, 82-84, 125, 136
アボリジニ　78
アメリカインディアン　→アメリカ先住民
アメリカ合衆国　11, 37-54, 102
　公有地測量調査　44
　国立公園局　39, 47
　農務省林野部　39, 46
アメリカ合衆国南部　45
アメリカ環境史学会（ASEH）　7, 16, 41, 47, 50, 52, 56-57, 85, 108
アメリカ議会図書館　136
アメリカ西部　7, 34, 38
アメリカ先住民　5, 8, 17, 42, 44-45, 58
アメリカ地理学会（American Geographical Society）　140
アメリカ歴史学会（American Historical Association）　139
アリストテレス　101
アルテミス（ディアナ）　20
アルプス　34
アングロ・サクソン年代記　27
暗黒の時代　95
アンフィポリス　21
アンボセリ国立公園　83
イエール大学　52, 70
イエローストーン国立公園　39
イギリス　→連合王国
イースター島　81-82, 93-94
イスパニョーラ島　93
イスラム　25
イタリア（人）　28, 30, 53, 60, 68-69, 121, 123
犬　124
イヌイット（グリーンランド）　93
イブン＝ハルドゥーン（Ibn Khaldūn）　25
移民・移住
　動植物　4
　ヒト　16, 84, 115
イングランド　27, 99　→英国も参照
インターネット　37, 50
インディアナ砂丘　109
インド　2, 17, 28-29, 52, 56, 68, 70-74, 88, 97-98, 101-102, 109, 119, 122, 126, 139
インドネシア　51, 55, 73-74, 102, 122
「インドネシア環境史ニュースレター」（Indonesian Environmental History Newsletter）　74
インドの諸王国　29
ウィスコンシン大学　136

183

ウィルソン, ウッドロー(Wilson, Thomas
　Woodrow) 139
ヴェスビオ山(イタリア) 121
ウェルギリウス 103
ウクライナ 120
牛 23, 69
ウッタラ・カンナダ(カルナタカ, インド)
　71, 126
ウプサラ大学(スウェーデン) 65
ウメオ大学(スウェーデン) 65
英語 47, 62-64, 75
英国 13, 17, 53, 57, 59-61, 70, 72, 78, 101-
　102, 120, 136
疫病(plague) 5, 21, 42, 58, 89, 110, 112,
　120
エーゲ海 21
エコフェミニズム 49, 62, 103
エデン〔楽園〕 11, 29
エネルギー 4, 6, 27, 48, 75, 89, 98, 104, 116,
　119-120, 141
エビ 126
エリノア・メルヴィル賞 85
エルニーニョ南方振動(ENSO) 13, 100
　→ラニーニャも参照
円形闘技場 121
オイコス(ギリシア語) 11
王族の森林(英国) 27
王立植物園 101
オーストラリア 9, 55-57, 77-82, 90, 92, 97,
　102, 136
オーストラリア国立大学 79, 136
オーストラリア森林史学会(Forest History
　Society, Australian) 79
オーストラレーシア 56, 78-81
オーストリア 62
オスマン時代のエジプト 70
オセアニア 80-81
汚染 2, 6, 33, 37, 48, 50, 61, 70, 87, 109, 111,
　117, 120-121
　大気 2, 7, 40, 47, 61, 63, 89, 104, 112, 135
　都市 28, 48
　土壌 47
　水・海洋 2, 40, 47, 61, 67, 118, 126
オゾン層 2, 119
オタゴ大学(ニュージーランド) 136
オックスフォード大学 82, 107, 136

オトミ族(メキシコ) 112
オランダ 55, 59, 63-64, 74, 101
オリーブ 135
温室効果(ガス) 6, 89

か 行

ガイア(大地の女神) 49
海洋・大洋 2, 28, 89, 101, 125-126
カイロ 118
科学と技術の開発研究科学院(NISTADS)
　(インド) 72
香川大学(高松) 77
学際的(性) 9-10, 41, 55, 77, 107, 140
核実験 2, 40
革命
　産業 6, 61, 97, 119
　情報 100
　政治社会 62, 75
　生態 3, 45, 65, 114
カザフ(族) 17
化石燃料 2, 6, 98, 100, 120
カーソン, レイチェル(Carson, Rachel)
　40, 46, 63
カッシオドルス(中世史家) 27
カナダ(人) 47, 53, 57-59, 87, 102
花粉学(palynology) 135
神 12, 19-20, 24, 26, 29, 49
ガラパゴス諸島 124, 141
カリカン(「暗い森」, インド) 71
カリフォルニア 44, 80, 99
カリフォルニア大学 40, 52, 56, 136
臥龍(中国) 122
カルナタカ(インド) 71, 126, 134
カレル大学(プラハ) 65
環境決定論 5, 21, 32, 93, 107, 110-111
環境史
　海 115, 126
　グローバル・地球大・世界規模 11, 16,
　　30-31, 53, 55-56, 63, 65-66, 68-69, 89-106,
　　116, 118-119, 125-127
　実践(環境史をする) 129-142
　将来 55, 105, 113, 115, 117, 120, 138-139
　世界 1-2, 11, 14, 17, 28, 30, 43, 51-53,
　　55-56, 60, 62, 65-66, 68, 71, 89-106, 113,
　　117, 125, 140
　定義 1-18

索　引

都市・都会の　　2, 6-7, 15, 21, 23, 25-26, 28, 37, 39-40, 44, 47-48, 58, 62, 69, 74, 78, 82, 95-96, 100, 118, 122, 134-136
　方法論　　129-133
　論点と方向性　　107-127
環境史の諸団体の国際協会（ICEHO）　　55, 138
環境主義　　37, 45, 49, 63, 102, 107, 109, 111
環境主義者　　29, 40-41, 45, 63, 104
『環境史』（*Environmental History*, 学術雑誌）　　41, 50, 84, 115
『環境史評論』（*Environmental History Review*, 学術雑誌）　　41
『環境と歴史』（*Environment and History*, 学術雑誌）　　56, 78, 85
『環境評論』（*Environmental Review*, 学術雑誌）　　41
環境倫理　　41
韓国　　76
カンザス州　　44
カンザス大学　　76, 136
ガンジス川　　72
関税及び貿易に関する一般協定（GATT）　　117
飢饉　　13, 17, 25, 29, 34, 74-75
キケロ　　25
気候　　4, 13, 21, 25, 27-29, 33-34, 62, 64-65, 70, 74, 98, 100, 110, 135
気候変動　　2, 12, 28, 34, 62, 64-65, 68, 86, 93, 98, 100, 121, 135, 140
技術（史）　　6-7, 10, 12, 14, 17, 37, 42, 49-50, 63, 65, 95, 100, 103-104, 119, 130, 135
技術史学会（The Society for the History of Technology: SHOT）　　50
北アメリカ　　8, 30, 34, 42, 51, 55-57, 59-60, 86, 120
北大西洋　　100
北朝鮮　　77
北ヨーロッパ　　64
牛山（之木）　　23
キュー王立植物園（ロンドン）　　101
キューバ　　85-86
教育　　40, 73, 76, 103, 116, 136, 139
狂牛病（BSE）　　69
共同体
　学者（各地および各学問分野の集団・グル

ープ）　　37, 41, 57, 65, 68, 87, 108, 127, 132
　自然　　15
　生物（生物群集）　　14-15, 122, 132
　生命・多様性　　14-15, 95, 121
　世界　　9
　その土地・地誌・地元　　71, 83, 88, 116-118
　動植物　　14-15, 33
　人間　　15, 31, 83, 125, 132
京都議定書　　100
漁業（漁村）　　6, 25, 51, 89, 121, 125, 138
ギリシア　　5, 11, 16, 19, 20-23, 25, 67, 69, 87, 96, 101, 112, 134
キリスト教　　12
キリン　　83
近世／近代　　→初期近世
クセノフォン　　24
クマウン大学（インド）　　72
クムタ（カルナタカ、インド）　　126
グランド・キャニオン　　40, 47, 109
クリティーバ（ブラジル）　　118
グリーンランド　　13, 93, 135
クルーガー国立公園（南アフリカ）　　84
クレオメネス（ギリシア）　　20
グレートプレーンズ（アメリカ大平原）　　7, 34, 43-44, 131
クレルヴォーのベルナルドゥス　　26
軍事（史）　　11, 16, 21, 28, 63, 76, 86, 98, 115
恵王（魏の君主）　　24-25
経済（学）　　10-11, 15-17, 24, 28-31, 33, 40, 45, 52-53, 63, 65-66, 90, 98-102, 104-105, 107, 110, 112, 114-115, 117-120, 122, 124, 130-131, 140-141
ケニア　　83
ケベック　　57-58
現在主義（presentism）　　111-112
原子力発電所　　2, 120-121
ケンブリッジ大学　　136
工業化　　→産業革命
原野・原生自然　　→荒野・荒地
コアの木　　136
黄河　　75
鉱業　　6, 25, 50, 65, 115, 122
考古学　　22, 67, 81, 108, 135
孔子　　22-23
黄塵地帯（Dust Bowl）　　44, 131

185

荒野・荒地・原野・原生自然　　2, 8, 26, 31,
　　37, 39-40, 58, 70, 88, 111, 133
国際連合(UN)　103, 116-119
国立公園　7, 17, 39, 46, 83-84, 123
国立公園局　47
国連環境計画(UNEP)　103, 119
古生物学　4
古代・古代史　3, 8, 12, 19-26, 67, 86-87,
　　94-96, 134-135
古代ノルマン人(グリーンランド)　93
古典学者　87
コペンハーゲン　55
ゴミ(集積場)　48, 118
孤立主義(isolationism)　53
コルカタ(インド)　73
ゴロンゴーザ国立公園(モザンビーク)　84
コロンブスの交換　5, 11, 42, 86, 91
昆虫　58, 124

さ 行

サイ(動物)　122
災害　20, 44, 113, 120-121, 124, 180
最後の審判　113
材木(木材も参照)　21, 25, 29, 102, 118-120
魚　24-25, 126
砂糖　81, 86, 99, 102, 135
砂漠　25-26, 68, 82-83
砂漠化　6, 13, 67-68
産業革命・工業化・大西洋工業(時代)　6,
　　56, 97, 118-119, 122, 132
サンゴ礁　79, 126, 134
サンタクルーズ(カリフォルニア州)　52
サンタ・クルス島(ガラパゴス諸島)　141
サンタバーバラ海峡(アメリカ)　40
サンティアゴ　86
サンフランシスコ　100
ジェファーソン, トーマス(Jefferson,
　　Thomas)　29
シエラ・クラブ(環境保護団体, アメリカ)
　　40, 47
自然史(natural history)　102, 135
自然資源　38, 104, 115
四川省(中国)　122
持続性(的)　14, 24-25, 52, 60, 65, 82, 95,
　　102-103, 105, 114, 116, 140
シチリア　21

疾病・病気・疾患　4-5, 21, 42, 110
資本主義　43, 45, 56, 114-115
『資本主義・自然・社会主義』(Capitalism,
　　Nature, Socialism, 学術雑誌)　56
ジムバラン(インドネシア, バリ)　73
ジャイナ教　29
社会科学　9-11, 63, 68
社会史　52, 73, 80, 82, 115
社会主義　56
社会生態学　102-103
ジャダブール大学(コルカタ, インド)　73
ジャワ　51
宗教　8, 11-12, 16, 93, 113, 130
修道士　27
自由貿易　90, 105, 117
首都師範大学(北京)(Capital Normal
　　University, Beijing)　74
狩猟　6, 15, 20, 27, 29, 51, 59, 78, 94, 96,
　　121-122, 132
狩猟場群　29
唱道・擁護(環境・保全・保護の)　30, 38,
　　41, 108-110
小氷河期　34, 98
初期近世・近世・近代(Early Modern
　　Period)　26-31, 60, 64-65, 70, 89, 98-99,
　　101, 120-121
植物園　28, 101
植物学　29
植民地(主義)　4, 21, 28-30, 45, 55, 69, 72,
　　78-80, 82-83, 88, 101, 118, 126
ジョージタウン(オーストラリア)　90
女性の歴史・女性史　16, 49, 72, 116
人為的な変化・因果関係(anthropogenic
　　causation)　5, 13, 23, 83, 116
進化　4, 14-15, 124-125, 133, 136
進化の歴史　124
人口　3, 5, 7, 11, 21, 27, 74, 84, 89, 91, 93, 95,
　　97-98
人口構成の塗り替え　91
人種差別　33, 49, 97, 101, 116
侵食　2, 6, 22, 29, 31, 44-45, 67, 84, 95-96,
　　104, 112
神聖な森　20, 71　→聖なる木立も参照
新世界　6, 42, 83, 86, 112
ジンバブエ　84
進歩主義的保全運動　37-39, 46

森林　2, 4, 22, 25, 27, 29, 31, 40, 52, 61, 64, 70, 73, 79, 86, 96, 99–100, 104, 116, 118–120, 141
森林史　7, 37, 49, 50, 52, 62, 65, 68, 72, 74, 77, 79, 99, 137
森林史学会(Forest History Society, US)　7, 52, 137
森林生産史学会　52
森林法・政策　27, 71, 118
森林保護区　29, 39
森林劣化(deforestation)　2, 6, 22–24, 28–30, 33–34, 67, 72, 82, 93, 95–96, 99–100, 102, 121, 123–124
人類学　9–11, 32, 80–81, 108, 111, 130
スイス　13, 60, 62
衰退論者の物語　95, 112–114
水道橋　26
スウェーデン　64–65
スカンディナビア　94
スコットランド　29, 59, 61, 101, 138
スターリング大学(スコットランド)　136
スターリン，ヨシフ　17
スティーヴォールト(オランダ)　59
スパルタ(ギリシア)　21
スペイン　34, 44, 67–68, 112
スロヴァキア　65
清華大学(北京)　76
生息地(環境)　14, 95, 121–122
生態学(ecology)
　科学　8, 10, 13–15, 39, 61, 91, 108, 113, 124, 130, 133–134, 140
　(生物・伝統的)共同体・生物群集　15, 71, 122, 132
　再生　122–124
　社会　10, 102–103
　生態史　2, 13–14, 34, 42–43, 45, 56, 61–65, 71, 76, 81, 85, 90–92, 95–96, 101–102, 104–105, 108–110, 114, 127, 131–133, 136
　都市　45–46
　人　8–9, 16, 32, 39, 65, 76, 81, 100, 110, 116, 131–132
　文化的あるいは自然　94, 132
生態学的革命(ecological revolutions)　3, 45, 114
生態系(ecosystems)　2, 4, 6, 15, 29, 34, 50, 52, 67, 71, 78–79, 82–83, 89, 94–95, 115, 120–124, 131, 133, 140
生態圏　104
聖なる木立(カルナタカ，インド)　20, 71
生物学　9, 14, 28, 98, 101, 113, 124–125, 127, 131
生物多様性(biodiversity)　2, 6, 33, 71, 97, 116, 121–123, 141
西洋・西欧・文化　8, 12–13, 16, 26, 70, 99
セヴィリアのイシドールス　27
ゼウス　19
世界環境史　1, 9, 13, 19, 30, 43, 51, 55–56, 60, 65, 74, 89–106, 132–133, 140
世界環境史会議2014(World Congress of Environmental History 2014)　68
『世界環境史百科事典』(Encyclopedia of World Environmental History)　66
『世界史』(Journal of World History, 学術雑誌)　56
世界自然保護基金(WWF)　109
世界史の教科書　103
世界の市場経済　90, 100, 105, 110, 112, 117
世界の南側　68
石炭　99, 104, 120
石油・ガソリン　40, 120
絶滅危惧種　7, 47, 122
先住民　11, 29, 88, 98, 101, 103, 112, 123
戦争・交戦・武力衝突　2, 6, 11, 17, 21, 25, 65, 75, 113, 121, 124
セント・アンドリュース(スコットランド)　59
セント・アンドリュース大学(スコットランド)　61, 136
専門主義(professionalism)　10, 56, 107–108, 139
ゾウ　57, 75, 119, 122
ソヴィエト連邦　66–67, 97, 102
象牙貿易　85

た 行

第一次世界大戦　113
大英図書館　136
大気，大気汚染　1, 2, 4, 6–7, 21, 89, 127, 135
泰山(中国)　23
大西洋　53, 68, 100, 132
大西洋史研究センター(Center for Studies of

the History of the Atlantic: CEHA) 68
第二次世界大戦 39, 75, 117, 124
太平洋 13, 80, 97, 100, 125, 132
太平洋諸島 77-82, 93, 102, 134
『太平洋歴史評論』(Pacific Historical Review, 学術雑誌) 56
台湾中央研究院(Academia Sinica, 台北) 76
ダーウィン、チャールズ 124, 141
(チャールズ・)ダーウィン研究所 141
薪 →木材
タスマニア 90
ダフーン・メジャー島(ガラパゴス諸島) 124
ダーラム大学 92, 136
ダーラム(ノースカロライナ) 50, 137
ダルエスサラーム大学 83
タロ芋(カロ) 136
チェコ共和国 60, 65, 138
チェルノブイリ 120
地球温暖化 2, 6, 13, 68, 89, 109, 113, 140
地球の日(アースデイ) 40
畜牛(牛) 23, 72
蓄積 95, 99, 104, 114, 121
地質学 4, 100, 108, 122, 125-126, 135
地中海 21, 30, 33-34, 53, 67-69, 87, 126, 135
知の歴史(intellectual history) 12, 39, 53
チプコ・アンドラン(木を抱きしめる運動) 70, 103
中国(人) 7, 19, 22-23, 59, 74-76, 80, 99, 102, 122
中国人民大学(Renmin University of China) 76
中国南部 7, 75
中世 12-13, 26-31, 59, 64, 86-87, 113
中東 69-70
チュニス 25
チリ 80, 94
地理学 9-10, 28, 32-34, 87, 108, 140
『地理評論』(Geographical Review, 学術雑誌) 140
ディアコヌス、パウルス 27
ティコピア(南太平洋) 93
ディープエコロジー 103
ティムール(王朝建国者) 25

テオフラストス 101
テサリー(ギリシア) 96
データベース 52, 59
哲学 8-9, 12, 17, 22, 25, 28, 32, 41, 49, 60, 62, 67, 85, 100-101, 112, 130, 139
鉄鋼 92, 104
テムズ川(ロンドン) 61
デモステネス(アテネの将軍) 21
デューク大学(ノースカロライナ) 52, 136-137
デリー(インド) 139
デルフィ(ギリシア) 19
伝記 37, 45-46, 52
天津 75
天然ガス 120
デンバー公共図書館 137
デンマーク 64-65
ドイツ 62-63, 76, 94
トインビー、アーノルド J.(Toynbee, Arnold J.) 91
トゥアン、イーフー(Tuan, Yi_Fu) 75
東華大学(花蓮)(Dong Hwa University, Hualien) 76
トゥキディデス 16, 20-21
東山(中国) 23
都市 6-7, 15, 21, 23, 25-26, 28, 40, 44, 47-48, 58, 62, 69, 95-96, 100, 118, 122, 134-136
都市環境・都市環境史・都市史・都市化 2, 7, 37, 48, 50, 58, 62, 74, 78, 82, 95, 112, 118, 122, 135
『都市史評論』(Urban History Review) 58
土壌(史) 4, 21-22, 33, 47, 89, 96, 102, 115, 135
土壌侵食 22, 29, 45, 84, 112
土壌保全 39, 84
図書館 52, 87, 136
土地利用・管理 22-25, 29, 37, 40, 44-45, 47, 65, 118, 131, 141
トマス、キース(Thomas, Keith) 60
虎(トラ) 7, 74-75, 122
トロント(カナダ) 57, 87

な 行

ナイニタル(インド) 72
ナイル川 67

索　引

ナウル島(南太平洋)　82, 118
ナバホ保護地区　43
ナミビア　123-124
南開大学(天津)　75
南極大陸・南極圏　13, 135
西インド諸島　99
西ガーツ(山脈, インド)　71
西ベンガル　73
日本(人)　75-77, 90, 121
ニーム(フランス)　26
ニューイングランド　45
ニューオーリンズ　48, 121, 136
ニューカレドニア　78
ニューギニア　78, 81
ニュージーランド　57, 77-82, 102, 125, 136
ニュージーランド南島　125
ニューデリー　72
人間性の探求(humanistic inquiries)　12, 130-131
人間中心的な考え方(anthropocentric concern)　71
人間と生物圏計画, ユネスコ(Man and the Biosphere Program, UNESCO)　118
熱帯雨林　86, 99, 103, 134
ネバダ州　48
年輪　13, 34
年輪年代学(dendrochronology)　135
農業　4, 6, 25, 31, 33, 51-52, 68, 89, 112, 121-123, 132, 135
農業史　7, 37, 49-52, 68-69
『農業史』(*Agricultural History*, 学術雑誌)　51
農業史学会(Agricultural History Society)　51
農業生態学　52
ノースカロライナ州　50, 137
ノルマン森林法(イングランド)　27

は 行

バイソン(アメリカバイソン)　44
ハイチ　93, 110
博物館　63, 135, 138
パケハ(植民者)　79-80
発展・展開・開発・成長(development)
　エネルギー　48
　環境史　34, 37, 40, 50-51, 55-88, 89-106, 111-112, 120, 135-136
　環境決定論　21
　環境史的叙述　11
　技術　50, 104
　経済　83, 104-105
　芸術と科学　104
　資源　58, 104, 125-126
　持続性　82, 102, 105
　社会　75
　森林　4, 52, 70-71, 104
　知的発達　45
　人間文化　5, 107-108, 111, 121
　保全　82, 122
　水　44, 84
　野生(原生自然)　8
発展途上国　116
鳩　124
ハードロックカフェ(ビバリーヒルズ)　99
バナラス　72
ハーバード大学　56
母なる地球(マザー・アース)　49, 91
ハバナ　85
バリ　73
パリ　20
ハリケーン　126, 136
ハリケーン・カトリーナ　135
バルバドス　99
バロン(バリ島)　73
ハワイ　81, 102, 136
パン　135
ハンガリー　65-66
パンダ　122
東アジア環境史協会(AEAEH)　76-77
羊　23, 43, 86, 112, 125
ビバリーヒルズ　59
ヒポクラテス　5, 21
ヒマラヤ(山脈)　2, 72
ヒュメットス山　22, 135
ビーレフェルト大学　94
ピロス(ピュロス?, ギリシア)　21
ヒンドゥー教　29, 71
ファシズム　63
フィリップ二世(スペイン)　33
フィリピン　102
フィレンツェ　60, 69, 138
フィンチ(ダーウィンの)　124, 141

189

フィンランド　60, 64
フェーヴル, リュシアン(Febvre, Lucien)　32-33, 61
福島　121
豚(ブタ)　93
プトレマイオス　25
葡萄酒(ワイン)　62, 135
ブラジル　4, 68, 85-86, 102, 112-113, 118
ブラジル・大西洋側の森林　4, 86, 112-113
プラトン　22, 112
プラハ　60, 65, 69
フランス(人)　13, 20, 26, 29, 32-33, 57-58, 61-62, 69, 101
フランス森林条例　120
ブリティッシュコロンビア大学　57
ブルントラント委員会報告(Brundtland Commission Report)　103
プロイセン　53
ブローデル, フェルナン(Braudel, Fernand)　32-34, 61, 126
(フェルナン・)ブローデル・センター　97
文化的景観(landscape)　7, 17, 23-24, 26, 28-29, 31, 34, 47, 60, 64, 72, 74, 78, 83, 101, 105, 120, 125-126, 134, 136
噴水草　136
フンボルト, アレクサンダー・フォン (Humboldt, Alexander von)　51, 53
北京　74, 76
北京師範大学(Beijing Normal University)　75
ベドウィン　25
ペニオス川(ギリシア)　96
ヘラクレイトス　100
ペリクレス　134
ベルギー　63-64
ペルシャ　20, 23
ヘルシンキ　65
ベルリン自由大学　87
ペンテリコン山(ギリシア)　135
崩壊・挫折(社会の)　30, 42, 82, 113, 117
放射線・放射性降下物・放射性微粒子　2, 6, 40, 89
放牧のしすぎ　112
北部の地中海諸国　67
捕鯨・クジラ　118, 122, 125
保全・保持・保護　7, 24, 29, 37-41, 45-47, 82-85, 105, 133
原生(野生の)自然の保護　73, 82-83, 93, 122
国立公園　47, 83-84
(天然)資源保全　37
初期ソヴィエト時代における保全　66
森林保護　25
土壌保全　39, 84
保全史　37, 39, 52, 82, 84, 101, 137
保全図書館(デンバー公共図書館)　137
保全・保護主義者/運動　4, 7, 16, 29, 37-39, 46, 63-64, 78, 103, 118, 122
ホメロス　104
ホラティウス　112
ポリネシア　79-81, 93, 136
ポルトガル　55, 68
ボルネオ　110
ボロブドゥール　51
ポワーヴル, ピエール(Poivre, Pierre)　29, 51, 61

ま 行

マウント・レーニア国立公園　46
マオリ　79-80
マダラフクロウ　122
マデイラ島(ポルトガル)　68
マヤ(メソアメリカ)　117
マルクス, カール(Marx, Karl)　115
マルクス主義(者)・マルキスト　16, 114-115
マルサス主義　116-117
マレー・ダーリング流域(オーストラリア)　79
マングローブ　126
ミクロネシア(オセアニア)　80
緑の運動(Green Movement)　63
緑の政治(Green politics)　103
緑の党(ドイツ)　63
南アジアの季節風(モンスーン)　100
南インド　71
南アフリカ大学　136
ミネソタ歴史学会(Minnesota Historical Society)　52
民主主義　12, 39
メイン大学(米国)　136
メキシコ　17, 86, 112

索　引

メズキタル渓谷(メキシコ)　86, 112
メソポタミア　67
メラネシア(オセアニア)　80-81
メンデルの見方　125
モアイ　94
孟子　22-25
木材・薪・木片　6, 25, 30, 34, 90, 116, 118-120, 135-136
木炭(炭)　100, 119-120, 135
モザイク(格子状模様)的土地利用　44, 132, 134
モザンビーク　6, 84, 123
モーリシャス　29
モントリオール　58
モントリオール議定書　119

や　行

野生生物・動物(保護)　7, 8, 29, 39, 58, 76, 82-83, 89, 98, 120, 122-123
唯物史観　115
ユタ州　43
ユネスコ　64, 118
擁護(環境・保全・保護の)　→唱道
ヨルダネス　27
ヨーロッパ環境史学会(ESEH)　57, 59-60, 62-63, 65, 69, 85, 137-138
ヨーロッパ・西洋(人)　4-5, 8, 11-13, 21, 28-30, 33, 38, 42, 45, 52-53, 55, 58-68, 82, 86, 88, 91, 98-99, 101-102, 109, 112-113, 117, 119-120, 134
寧越延世フォーラム　76

ら　行・わ　行

ライオン　122
ライデン(オランダ)　74
ライン川　63
ラスヴェガス(ネバダ州)　48
ラスコー　104
ラテン語　12
ラテンアメリカ　57, 68, 85-86, 102, 109
ラテンアメリカ・カリブ環境史学会(SOLCHA)　85
『ラテンアメリカ・カリブ環境史』(*Historia Ambiental Latinoamericana y Caribeña*, 学術雑誌)　85
ラニーニャ　100
リベリア　102
林業　6, 25, 44, 52, 62, 72-73, 108
リン酸塩産業(phosphate industry)　82, 118
ルーブル(パリ)　20
ルーズベルト，セオドア(Roosevelt, Theodore)　38-39, 46, 139
ルーズベルト，フランクリン(Roosevelt, Franklin D)　38, 46
ル＝ロワ＝ラデュリ，エマニュエル(Le Roy Ladurie, Emmanuel)　13, 32, 34, 61
ルンド大学(スウェーデン)　65
レイチェル・カーソン・センター　63
レオポルド，アルド(Leopold, Aldo)　15, 46
歴史環境談論ネットワーク(H-Environment Discussion Network)　138
歴史資料・教材　13, 55, 70, 80, 82, 96, 133-137
歴史地理学(者)　10, 32-34, 53, 60, 65, 72, 78, 87, 97-99, 108, 130, 133, 136, 140
歴史の物語と語り　130-133
連合王国・英国(UK)　13, 60, 136　→イギリス、スコットランドも参照
ロシア　59, 66-67, 97
ローマ　13, 25-26, 30, 53, 67, 87, 112, 121
ロンサム(孤独な)ジョージ　141
ロンドン　61, 100-101
ワシントン州　46

[訳者]

村山 聡

香川大学教授．専門は経済史・環境史．慶應義塾大学経済学部卒業，同大学大学院経済学研究科修士・博士課程修了．ギーセン大学 Dr. phil.(ドイツ中近世史)．慶應義塾大学助手，講師，香川大学助教授，ベルリン自由大学客員教授，レイチェル・カーソン・センター研究員，総合地球環境学研究所客員教授，東アジア環境史協会学会長を歴任．『近世ヨーロッパ地域史論』(法律文化社，1995)ほか，英・独語での著作多数．

中村博子

フリーランスの翻訳家で，政府の支援業務や映画字幕など幅広く活躍．専門は環境意思決定論．慶應義塾大学法学部卒業，香川大学大学院修士課程修了．訳書にスーザン・M. スティーブンソン『デチタ でチタ できた！──家庭で出来る，いのちが育つお手伝い』(ウインドファーム，2011)，自然環境共生技術協会編著『よみがえれ自然』英語版：Reviving Nature's Legacy(同協会，2012)ほか．

J. ドナルド・ヒューズ(J. Donald Hughes)

デンバー大学名誉教授．歴史学(古代環境史)．世界初の環境史学会(米)の創設メンバーであり，欧州・アジアの各種学会にも多大な影響を与えた．*An Environmental History of the World: Humankind's Changing Role in the Community of Life*(2009), *Environmental Problems of the Greeks and Romans: Ecology in the Ancient Mediterranean*(2014)など著作多数．邦訳書に『世界の環境の歴史』奥田暁子・あべのぞみ訳(明石ライブラリー，2004)がある．

環境史入門　J. ドナルド・ヒューズ

2018年10月26日　第1刷発行

訳　者　村山　聡　中村博子

発行者　岡本　厚

発行所　株式会社 岩波書店
〒101-8002　東京都千代田区一ツ橋2-5-5
電話案内　03-5210-4000
http://www.iwanami.co.jp/

印刷・理想社　カバー・半七印刷　製本・松岳社

ISBN 978-4-00-061302-6　Printed in Japan

環境の経済史 ―森林・市場・国家―	斎藤 修	岩波現代全書 本体 2100円
現代経済学入門 環境経済学	植田和弘	A5判 230頁 本体 2500円
名作の中の地球環境史	石 弘之	四六判 348頁 本体 2900円
よみがえる緑のシルクロード ―環境史学のすすめ―	佐藤洋一郎	岩波ジュニア新書 本体 780円
シリーズ 環境政策の新地平（全8巻）	大沼あゆみ 亀山康子 新澤秀則 鷲田豊明 編	A5判各208頁 本体 3200〜 3400円

――― 岩波書店刊 ―――

定価は表示価格に消費税が加算されます
2018年10月現在